Weihnachten 2018
von Franzi. Fam.

Auflage
7 6 5 4
2016 2015 2014 2013

Erlerstraße 10, A-6020 Innsbruck
E-Mail: loewenzahn@studienverlag.at
Internet: www.loewenzahn.at

Buchgestaltung:
Umschlag: Kurt Höretzeder, Büro für Grafische Gestaltung, Scheffau/Tirol
Innenteil: loewenzahn/Manuela Weiß

Fotografien: Irene Prugger, wenn nicht anders angegeben
Tirol Logo: © TW 2010

Gedruckt auf umweltfreundlichem, chlor- und säurefrei gebleichtem Papier.

Bibliografische Information Der Deutschen Bibliothek
Die Deutsche Bibliothek verzeichnet diese Publikation in der Deutschen Nationalbibliografie; detaillierte bibliografische Daten sind im Internet über <http://dnb.ddb.de> abrufbar.

ISBN 978-3-7066-2462-6

Irene Prugger

Almgeschichten

Vom Leben nah am Himmel

lœwenzahn

Inhalt

Almporträts

Interviews

Auch almdamisch?

Zum ersten Mal hab ich das Wort auf einer Alm im Tiroler Unterland gehört: „Wir hier heroben sind es alle, musst aufpassen, dass du es nicht auch wirst“, sagte ein Alminger zu mir. Aber da war ich es schon: almdamisch. Was soviel heißt wie almnarrisch. Was soviel heißt wie: süchtig nach der Alm. Nun, es gibt schlimmere Süchte. Wie man weiß, ist das Wandern in moderaten Höhenlagen und damit das Almwandern rundum gesund, es gibt sogar wissenschaftliche Studien darüber. Wenn man mit dem Pulsmesser wandert, kann man seinen zunehmenden Fitnessgrad sogar messen.

Ich hatte nie einen Pulsmesser mit bei meinen Almwanderungen. Ich habe selber gespürt, wie ich konditionsstärker wurde. Da geht es mir gleich wie den Kühen. Wenn sie im Frühling aus dem Stall gelassen werden, sind sie zwar schon almdamisch, aber noch ein wenig lasch in den Beinen, am Ende des Sommers sind sie übermütig und fit und wollen nicht herunter von der Alm. Überhaupt die Kühe: Eine Kuh macht Muh – viele Kühe machen Mühe. Solche

Sprüche kennen wir, ansonsten ist es oft nicht weit her mit unserem Wissen über eines unserer genügsamsten und wertvollsten Nutztiere. Ich habe bei meinen Ausflügen viel über sie erfahren und immer tat es mir leid, wenn ich auf einer Alm keine Milchkühe angetroffen habe, weil die Bauern aus Gründen mangelnder Rentabilität die Milchwirtschaft aufgegeben haben.

Es geht in meinen Almreportagen aber nicht nur um Kühe, sondern vor allem um die Menschen, die auf der Alm leben, sie bewirtschaften und ihren Arbeitsplatz zumindest den Sommer über auf der Alm haben. Sie habe ich mit meinen Fragen gelöchert. Ich war und bin ja leider noch immer ein Grünhorn, was die Almwirtschaft betrifft. Die sogenannten „Alminger" sind ganz unterschiedliche Charaktere mit unterschiedlichen Sichtweisen und Arbeitsmethoden, also keineswegs von „einem Schlag", wie es das Klischee oft unterstellt. Was diese Menschen eint, ist die Liebe zur Natur, die Fähigkeit zu Bescheidenheit, Selbständigkeit, Eigenverantwortlichkeit und das Almdamische eben.

In Tirol gibt es über 2000 bewirtschaftete Almen, viele davon eignen sich als Ausflugsziele, auch wenn es dort nicht überall ein Gasthaus gibt. Das vorliegende Buch erfasst meine Almausflüge von zwei Jahren. Es ist eine sehr subjektive und von persönlichen Vorlieben, aber auch von Zeit, Wetter, Empfehlungen und durch spontane Entscheidungen geprägte Auswahl. Während meiner Recherchen bin ich ständig Menschen begegnet, die mir begeistert von ihren Lieblingsalmen erzählt haben, auf denen ich noch nicht gewesen bin und die ich mir unbedingt noch anschauen müsse. Das werde ich auch tun. Denn wie eine Freundin zu mir sagte: „Es gibt sie zum Glück alm no, die Alm und die Sehnsucht danach."

Irene Prugger

6. Juni und 13. Juni
Niedertalalm, Vent

Schafe im Nebel

Mein Almsommer beginnt mit einer Unmenge von Schafen. Am Vorabend habe ich sie noch gezählt, weil ich nicht einschlafen konnte, jetzt ist es drei Uhr morgens und trotzdem Tagwache. Also nichts wie raus aus dem Bett. Wer beim Schafübertrieb vom Südtiroler Schnalstal auf die Niedertalalm von Vent im Ötztal mitgehen möchte, darf nicht zimperlich sein. Noch dazu an einem Tag wie diesem, an dem der Himmel nicht dem Anlass entsprechend Schäfchenwolken zusammentreibt, sondern dunkle Regenwolken auffahren lässt. Schon am frühen Morgen ist klar: Auf dem Weg über den Pass wird eine Saukälte herrschen, oder sollte man besser von Schafskälte sprechen?

Zumindest regnet es nicht, aber es ist stockdunkel, als ich am Stausee von Vernagt ankomme. Still und einsam liegt er da, kein Mensch weit und breit und kein einziges Schaf. Die Sammelkoppeln, wo die Tiere bis zum Aufbruch schon am Tag zuvor zusammengetrieben werden, befinden sich etwas weiter droben auf einer Anhöhe. Josef Götsch, Obmann der Alpinteressenschaft Niedertal, auf dessen Bergbauernhof im Schnalstal ich übernachtet habe, hat mir alles genau erklärt. Allerdings ist im Dunkeln der Weg kaum erkennbar. Zum Glück ist das Blöken der Schafe von fern her zu hören, sodass ich mich zumindest nach dem Gehör orientieren kann.

1500 Schafe und 176 Ziegen von 26 Südtiroler Bauern sollen an diesem Tag wie jedes Jahr in einem siebenstündigen Marsch bis zur Martin-Busch-Hütte im Ötztal und am nächsten Tag weiter zur Niedertalalm gebracht werden, eine Woche später werden von Kurzras aus nochmals ungefähr so viele über das Hochjoch (2850 m) getrieben. Auf der Niedertalalm sind die Schafe verschiedenen Weiden zugeteilt. Damit sie beim Übertrieb nicht durcheinander geraten, ordnet man sie in vier große Gruppen. Als ich bei den Koppeln ankomme, macht sich gerade das zweite Starterfeld auf den Weg und ich schließe mich ihm an. Die erste Gruppe ist eine halbe Stunde früher gestartet, die dritte wird dreißig Minuten nach uns losmarschieren. Gut geplant, aber die Organisatoren haben offenbar nicht damit gerechnet, dass in der zweiten Gruppe die fittesten Schafe mitlaufen. Der führende Treiber Elmar hat ebenfalls ziemlich viel Schmalz in den Beinen und legt ein dementsprechendes Tempo vor.

Der frühe Aufbruch ist nötig, weil bei fortgeschrittener Tageszeit die Schafe auf dem weichen Schnee der Lawinenkegel, die man überschreiten muss, einbrechen würden. Es braucht also erfahrene Männer, die den Weg auch im Dunkeln kennen. Elmar ist so einer, er führt seine Gruppe sicher und zielstrebig bergwärts, als sei es bereits hell. Weil der Morgen noch jung und unverbraucht ist, wählen er und die anderen Treiber – oder doch die Schafe? – meistens die Direttissima. Für die kleinen Lämmer wird der Marsch eine ziemliche Strapaze werden. Das jüngste ist erst eine zarte Woche alt. Aber vorerst halten auch die Kleinen noch gut mit, bleiben in der Nähe der Mutter und versuchen bei jedem kurzen Zwischenstopp an eine stärkende Milchration zu kommen. Später wird das eine oder andere erschöpfte Jungtier dann von den Hirten getragen, was biblische Assoziationen wachruft.

Nach ungefähr einer halben Stunde Gehzeit wird in der Dämmerung der Weg unter den Füßen sichtbar und die Umgebung schält sich aus dem Dunkel. Weit unter uns liegt im blassen Morgenlicht der Vernagt-Stausee. Man sieht jetzt auch, wer noch mitläuft in der Gruppe, und macht sich untereinander bekannt. Dem weitum bekannten Schafübertrieb schließen sich immer auch Bergwanderer an, die einmal beim großen Ereignis dabei sein wollen. Wenn sie sich einigermaßen geschickt anstellen, können sie durchaus gute Hilfe leisten beim Zusammenhalten der Schafe. In unserer Gruppe befinden sich zwei junge Frauen aus Deutschland. Sie gehören bereits zum Team, denn sie sind schon ein paar Tage mit der Herde unterwegs. Viele Schafe haben bis zur Sammelstelle am Vernagt-Stausee ja bereits einen weiten Anreiseweg hinter sich, denn sie kommen nicht nur aus dem Schnalstal, sondern auch aus dem Eisacktal, Passeiertal, vom Tschögglberg und aus dem Vinschgau.

Schafskälte statt Schäfchenwolken am Tag des großen Übertriebs.

Schafspelz und Anorak gegen die Kälte

Mit einer Schafherde ist es ähnlich wie mit dem Menschenvolk. Alle, die brav mit der Masse mitlaufen, machen keine Probleme, es sind die Verträumten, die Außenseiter oder jene, die nicht so schnell mithalten können, auf welche die Obrigkeit ein Auge hat. Manchmal schert eine eigensinnige Gruppe aus, wird aber von den aufmerksamen Treibern und vom eifrigen Hirtenhund schnell wieder auf den rechten Weg gebracht.

Damit die Übersicht und Erkennung leichter fällt, wurden die Tiere mit großen bunten Klecksen besprüht, es sind also farbenfrohe Herden, die hier ihrem Sommerrefugium zueilen. Zusätzlich besitzt noch jedes Schaf eine Ohrmarke und hat einen Erkennungsstift mit eingeprägter Nummer im Magen. Der Stift wird mit der Nahrung geschluckt und beim Durchleuchten mit einem speziellen Gerät sichtbar. Nach der Schlachtung eines Schafes muss er an den zuständigen Tierarzt abgegeben werden, sonst könnte es sein, dass plötzlich ein Schaffleisch-Konsument eine Kenn-Nummer im Magen hat.

Wir kommen gut voran und alles läuft gut, aber plötzlich ertönen aufgeregte Rufe von den Treibern. Die erste Gruppe ist bereits in Sichtweite, jetzt ist ein geschicktes Überholmanöver gefragt. „Blinker links raus", meint Elmar, nachdem er sich mit den Treibern der ersten Gruppe abgesprochen hat. In großem Bogen umkreisen wir Gruppe eins, die wir damit auf den zweiten Platz verweisen. Ein bisschen ehrgeiziger Sportsgeist mag dabei sein, aber es geht hier nicht um ein internes Rennen, es geht darum, die Herden gut ans Ziel zu bringen, da ist Trödeln oder höfliches Hintanbleiben nicht gefragt.

Wäre es ein schöner Tag, könnten wir uns jetzt über die ersten Sonnenstrahlen freuen, stattdessen kündigen dicke Regentropfen den Beginn des Schlechtwetters an und dichte Nebelschwaden fallen über uns herein. Regen allein ist nicht so schlimm, wenn nur der gefürchtete Nordwind nicht einsetzt, der vor allem bei Schneefall in den Augen brennt und den Übertrieb besonders schwierig macht, weil dann oft die Schafe der Mut verlässt. Mit Schneefall droben am Ferner ist heute jedenfalls zu rechnen.

Es wird fast mit jedem Höhenmeter kälter. Man spürt es vor allem in den Händen, weil der Körper vom Aufstieg erhitzt ist.

Unweit der Ötzi-Fundstelle am Similaun kann man sich jetzt lebhaft vorstellen, dass man hier bis auf die Knochen abfrieren oder in diesem unwirtlichen Gebiet sonst einem Unglück zum Opfer fallen kann. Immerhin leisten unsere Anoraks und Regenponchos gute Dienste. Auch die Vorarbeit dienstbarer Geister kommt uns zugute. Damit es weiter droben im kritischen Bereich keine Komplikationen und unnötige Zeitverzögerungen gibt, haben am Tag zuvor Mitglieder der Alpgemeinschaft zum leichteren Queren der Lawinenkegel in mühsamer Arbeit Wege ausgeschaufelt.

Ein Schlechtwettereinbruch kann in diesen Höhen tödlich sein, der höchste Punkt des Übergangs am Niederjoch bei der Similaunhütte liegt immerhin auf 3019 m. In den vergangenen Jahrzehnten verlief der Übertrieb aber nur einmal tragisch, als die Herden und Treiber in den späten siebziger Jahren in einen Schneesturm gerieten. Damals kamen 70 Schafe um, Menschen wurden zum Glück keine verletzt.

Der schwierigste Streckenabschnitt ist der steile Anstieg zur Similaunhütte, vor allem, wenn er bei Regen und Schneefall schlammig und rutschig wird. Auf Schönwettertage kann man trotzdem nicht warten. Viele der Schafbauern haben keine eigenen Frühweiden, sie geben deshalb die Tiere auf jene Almen, wo früher aufgetrieben wird. Damit sich die Kosten-Nutzen-Rechnung für die Alpinteressenschaft Niedertalalm ausgeht, müssen mindestens 1300 Schafe dort weiden. Außerdem braucht der Schafübertrieb gute organisatorische Vorbereitung, eine Verschiebung um eine Woche kann demnach nur im äußersten Notfall erfolgen.

Im 18. Jahrhundert hat man unter härtesten Bedingungen sogar Ochsen über den Pass getrieben. Wenn sie mit ihrer Masse in den Lawinenkegeln einzubrechen drohten, banden ihnen die Treiber die Vorder- und Hinterbeine zusammen und zogen sie über den Schnee. So entstand eine planierte Bahn, auf der die anderen Tiere folgen konnten. Dagegen ist so ein Schafübertrieb bei einigermaßen guten Bedingungen fast ein Vergnügen. Jedenfalls wenn die Schafe so lammfromm auf den schmalen Steigen zockeln wie eben jetzt, auf dem Anstieg zu den ersten großen Steinmandln, auf halbem Weg zur Similaunhütte.

Stolze Tradition

Die Frage, warum sie die Strapazen auf sich nehmen, stellt sich für viele Schafzüchter nicht. Für die 2176 Hektar große Niedertalalm im Ötztal wurde bereits im Jahr 1415 ein Weiderechtsvertrag zwischen den Bauern von Vent und Schnals abgeschlossen. Obwohl nach dem Ersten Weltkrieg Südtirol und damit auch das Schnalstal zu Italien kamen, blieben die Alprechte erhalten. Man hat sich von den bürokratisch umständlichen Grenzkontrollen nicht abschrecken lassen und wird auch die wirtschaftlich schwierigen Zeiten überstehen. Die Übertriebe gehören zur Tradition, werden mit Stolz durchgeführt und sorgen auch für einen größeren Zusammenhalt unter den Bauern.

Der Herde hinterher trottend kommt man ins Sinnieren, was man mit Schafen alles so machen kann. Das hier sind jedenfalls keine Kandidaten für einen Streichelzoo. Viele der putzigen Lämmer werden zwar nicht als zartes Lammfleisch auf den Tisch kommen, weil sie dafür im Herbst schon zu alt sind, aber als Schaffleisch werden etliche von ihnen im Schlachthof Bozen ihr Ende finden. Andere werden für die Nachzucht und als Wolllieferanten verwendet.

Nach und nach schälen sich die ersten Steinmandln aus dem Nebel.

Die Schafwolle war früher ein wichtiger Wirtschaftsfaktor für Südtiroler Bauern, aber die Produktionsbedingungen sind nicht einfach. Sie muss mehrere Jahre gelagert und in eigenen Waschanlagen gewaschen werden. Die EU-Bestimmungen für solche Waschanlagen sind streng, werden aber nicht in allen Ländern gleich rigoros gehandhabt. Belgien ist so ein Land, wo vorläufig noch Nachsicht gewährt wird. Deshalb schickt man die Wolle zur Waschung dorthin. Danach wird sie entweder an Lodenfabriken geliefert oder als Isoliermaterial verwendet. Die Wertschöpfung für ein Kilo Rohwolle liegt derzeit bei ca. 35 Cent, vor 40 Jahren hat man dafür noch denselben Preis wie für ein Kilo Butter erzielt. Damit erklärt sich auch, warum sie aus landwirtschaftlicher Sicht nur noch einen geringen Stellenwert einnimmt.

Kultiger Türschmuck
an der alten steinernen
Sennhütte.

Auf dem Anstieg zur Similaunhütte beginnt es leicht zu schneien, die Kälte kriecht in die Glieder und die Treiber sind nass bis auf die Knochen, aber es kommt zumindest kein Schneesturm auf. An diesem Tag geht alles gut und der Hirte kann alle 1500 Schafe – es ist in diesem Jahr zufällig diese runde Zahl – auf der Niedertalalm in Empfang nehmen. Für mich ist es auf halbem Weg Zeit umzudrehen, denn ich habe das Auto im Schnalstal beim Vernagt-Stausee geparkt. Aber ich mache mich eine Woche später von Vent aus auf den Weg zur Niedertalalm, um nach den Tieren und nach dem Hirten Rainer Philip zu sehen, der als Alleinverantwortlicher die Aufsicht über so viele Schafe hat.

Als ich ankomme, liegt die alte steinerne Sennhütte, die geduckt in den Berghang gebaut ist, einsam und verlassen da. Die Nebel haben sich verzogen, es ist schönes Wetter und Rainer Philip ist gerade unterwegs, drei Ausreißerschafe zurückzuholen, die ein Schneefeld zum Queren des Baches benützt haben und sich nun auf der falschen Talseite herumtreiben. Zeit für mich, der Stille zu lauschen und die herbe Schönheit dieser kargen, baumlosen Gegend in mich aufzunehmen. Auf den ersten Blick eine Gegend bloß für Schafe und sehr genügsame Menschen, beim zweiten Hinspüren ein kolossaler Ort der Kraft. Im inneren Ötztal, vor allem rund um Vent, finden sich viele alte Kultstätten mit Steinkreisen, Altären und Schalensteinen. Gleich neben der alten Sennhütte steht ein großer Stein in Form eines Widderkopfes, auch er gilt – wenn auch noch nicht wissenschaftlich nachgewiesen – als Kultstein.

Wie der sprichwörtliche gute Hirte taucht dann auch Rainer Philip inmitten einer Gruppe von Schafen und Ziegen auf. Wie schafft man das, allein auf so viele Tiere aufzupassen? „Viel schaun“, sagt er, „und viel laufen.“ Dann eilt er schon wieder davon, er muss noch dringend einen Absperrzaun flicken. Sehr gesprächig ist er nicht, was verständlich ist. Wenn die meiste Zeit nur das Echo einer Felswand, das Heulen des Windes oder das Blöken der Schafe Antwort gibt, erübrigt sich jede Geschwätzigkeit.

Erst im August bekommt der Hirte Unterstützung durch einen zweiten Hirten, der die Schafe abfängt, die ansonsten vorzeitig wieder über den Pass nach Südtirol zurücklaufen würden. Sie lassen sich im Sog von Wandergruppen mittreiben und folgen dabei auch ihrem Instinkt, der genau weiß, wo es nach Hause geht und dass es nicht mehr allzu lang dauern kann, bis es soweit ist. Mitte September muss der anstrengende Marsch übers Niederjoch in die andere Richtung angetreten werden. Wenn den Sommer über nichts passiert ist und auch beim Herbstübertrieb bis zur „Schôfschoad“ (das Trennen der Schafe) alles gut läuft, herrscht große Erleichterung bei allen Verantwortlichen. In Vernagt und Kurzras werden die Hirten und Treiber dementsprechend mit einem großen Volksfest empfangen. Dabei geben sie sich dann auch nicht mehr so wortkarg, sondern richtiggehend gesellig. Trotzdem fordert der lange Marsch seinen Tribut, große Erschöpfung erfasst irgendwann alle Beteiligten, auch die Tiere.

Wenn die Schafe müde sind, hat ein Dichter einmal gesagt, dann zählen sie ihren Schäfer und schlafen ganz schnell ein.

Jetzt sind die Gräser im Almgebiet oberhalb von Vent besonders saftig.

Informationen

Lage: Die 2176 ha große Niedertalalm liegt auf 2247 m Seehöhe und beginnt gleich nach der Brücke von Vent. Die alte steinerne Sennhütte ist von Vent aus in ca. 2 Stunden Fußmarsch auf einem guten Forstweg bequem zu erreichen.

Besonderheiten: In diesem Gebiet hat sich eine mehr als 6000 Jahre alte, halbnomadische Hirtenkultur erhalten, wie sie sonst kaum noch in den Alpen zu finden ist. Vom Südtiroler Schnalstal werden die Schafe über bis zu 3200 Meter hohe, teils vergletscherte Jöcher getrieben (Transhumanz). Wer mehr darüber erfahren möchte, liest am besten in den Büchern des bekannten Ötztaler Volkskundlers Hans Haid nach („Wege der Schafe").

Verpflegung: Die Sennhütte der Niedertalalm ist nur für die Hirten reserviert, die nächste Einkehrmöglichkeit ist die Martin-Busch-Hütte auf 2501 m, ½ Stunde Gehzeit entfernt. Von der Martin-Busch-Hütte bis zur Similaunhütte sind es dann nochmals 2 Stunden Gehzeit. Gute Bergausrüstung und die Abfrage des Wetterberichtes ist dabei unbedingt vonnöten.

16., 17., 18., 19. Juni
Trainsalm, Thiersee

Kleiner Almkurs bei Klara und Marei

Eigentlich hatte ich mir das so vorgestellt: Ich befrage Almleute über ihr Leben auf der Alm und schreibe nieder, was sie erzählen. Aber da gerate ich bei der temperamentvollen Sennerin Klara Marksteiner aus Thiersee an die Falsche. Oder vielmehr an die Richtige. „Über Almarbeit kannst du nur schreiben, wenn du selber hineingeschmeckt hast", meint sie und schaut mich erwartungsvoll an. Klara ist so almbegeistert, dass sie fast in jedem Urlaub als Sennerin gearbeitet hat, seit ihrer Pensionierung ist sie den ganzen Sommer über auf der Alm. Außerdem ist sie sympathisch und herzlich, hat Witz und ein hinreißendes Lachen. Es könnte funktionieren mit uns beiden. Also melde ich mich Mitte Juni für ein paar Tage bei ihr als Hilfssennerin.

Die Trainsalm ist ein hübsches Almdorf aus sieben Hütten mit einer kleinen urigen Jausenstation und liegt geborgen in einem Kessel auf ca. 1300 m Seehöhe, umgeben von sanften Wiesenmatten. Die größeren Bauern halten hier über zwanzig Stück Vieh, Klaras Team ist klein, aber fein: sechs prächtige Milchkühe und Henne Jolanda. Sie sorgt für das tägliche Frühstücksei und dient außerdem als Wetterfrosch, denn wie Klara sagt: „Hühner sind intelligente und sensible Tiere. Wenn das Wetter schlecht wird oder ein Unwetter droht, wollen sie abends nicht in die Steige vor Aufregung, wenn das Wetter hingegen schön bleibt, gehen sie anstandslos schlafen." Die Tiere und die Almwirtschaft, für die Klara zuständig ist, gehören einer Bäuerin aus Thiersee. Unsere Hütte ist von oben gesehen die zweite und ein hervorragender Logenplatz, wenn man bei schönem Wetter auf der kleinen Terrasse sitzt und alles überblickt. Aber ich bin ja zum Arbeiten gekommen.

Erste Talentprobe

Ich mag Almen, ich mag Kühe, ich habe keine Berührungsängste, wenn es ums Ausmisten geht, so schwierig kann es also nicht sein. Dann jedoch gleich zum Auftakt die erste Talentprobe: Wir machen Käse und ich bin vorübergehend allein dafür verantwortlich, weil Klara im Stall zu tun hat, wo eine Kuh an einer Verletzung am Bein krankt. Das Rezept habe ich vor mir liegen und die mit Lab geimpfte und bereits gestockte Milch steht in einem großen Kessel auf dem Feuerherd. Nach dem Rühren muss der potenzielle Käse auf 34 Grad erhitzt werden, dann wird nochmals zehn Minuten gerührt. Das Rühren ist kein Problem – man hat ja Zeit auf der Alm. Für die Gradmessung gibt es ein Thermometer, das man in die Milchmasse hält. Das Erhitzen auf dem Feuerherd in dem großen Kessel geht ziemlich langsam, das heißt, man braucht Geduld. Bei 25 Grad (gemessene Milchtemperatur und geschätzte Außenlufttemperatur) mache ich es mir auf der Terrasse gemütlich und schaue, was die Nachbarn so treiben.

Kühe zum Beispiel? Nein, die sind auf den Unterländer Almen tagsüber im Stall wegen der lästigen Mücken und Bremen. Jene Bauern, die nur morgens und abends zum Melken auf die Alm kommen, sind drunten im Tal und Nachbarin Marei – sie ist 84 Jahre alt und betreut als Hirtin vier Kühe – ist auch nicht zu sehen. Also einfach die Aussicht genießen und die munteren Murmeltiere beobachten, die hier manchmal sogar am Forstweg spazieren laufen.

Ein paarmal sehe ich nach der Käsemasse, aber der Thermometerzeiger hat sich noch nicht wesentlich nach oben bewegt. Die Zivilisationshektik noch in den Gliedern, beginne ich schließlich eine andere Arbeit, räume ein bisschen in der Hütte herum, schaue wieder nach dem Topf und ... 34,5 Grad! Verflucht. Da geht man auf die Alm in der Meinung, das sei ein Leben fürs Grobe und dann scheitert man an ein paar Zehntelgraden?

Genau das ist es, was ich als erstes lerne: Das Leben auf der Alm bewegt sich zwischen gemütlichem Laissez Faire und eiserner Disziplin. Wo so viel Mist ist, muss viel Sauberkeit herrschen, vor allem, wenn man Milchkühe zu versorgen und einwandfreie Milch abzuliefern hat. Die Geräte und Milchbehälter müssen zweimal täglich blitzblank geputzt werden und wer etwas auf sich hält, vermeidet es, dass sich der Stallgeruch in der Hütte breitmacht. Klara wechselt jedesmal das Gewand, wenn sie in den Stall geht, die Schuhe sowieso.

Misstrauisch beäuge ich die Käsemasse, die in der Molke schwimmt. Körnig soll sie werden und sie wird es auch. Möglicherweise doch noch gut gegangen, mal schauen, wie er sich weiter entwickelt, mein Käse. Jetzt kann ich einstweilen sowieso nichts mehr für ihn tun. Er muss rasten. Ich gehe zu Klara in den Stall. Die sechs Kühe, stolz gehornt, wie man sie nur noch selten findet, flößen mir Respekt ein. Ich ihnen nicht, sie ignorieren mich einfach. Ich tue es ihnen gleich. Ignorieren geht über studieren, wenn man noch unsicher ist.

Später habe ich Gelegenheit, den Klauenpfleger oder „Kuaschnoater" beim Verarzten der verletzten Kuh zu beobachten. Sie hat sich einen Stein eingetreten, die Wunde ist bereits geschwollen. „Reden wie mit einer kranken Kuh" – jetzt weiß ich, wie sich das anhört: verständnisvoll und forsch zugleich. Die Kuh ist trotz ihrer Schmerzen beeindruckt von der Kompetenz des Klauenpflegers, sie scheint zu ahnen, dass er ihr helfen wird, und verhält sich deshalb nicht übermäßig empfindlich. Trotzdem hat dieser Job, um den sich kein Tierarzt besonders bemüht, seine Tücken. Eine tiefe Narbe am Fuß des Klauenpflegers gibt Zeugnis, dass die Kommunikation mit einer gepeinigten Kuh nicht immer so tadellos funktioniert.

Duell mit einer Kuh

Marei, unsere 84-jährige, sehr agile Nachbarin, lerne ich am Abend meines ersten Almtages kennen. Sobald sie die Glocke der kleinen Almkapelle läutet, machen sich die Sennerinnen von ringsum zum Rosenkranzgebet auf, um für den guten Almtag zu danken. Mir ist eigentlich nicht nach Litaneien Beten zumute, aber ich gehe mit Klara zur Kapelle. Mareis sanfte Stimme gibt den Rhythmus vor, das Denken zerfließt und macht einem Gefühl der Zufriedenheit Platz – es ist beste Meditation. Auch Bescheidenheit ist jetzt angebracht, es müssen ja keine großen Dinge sein, für die man Danke sagt. Man kann sich zum Beispiel dafür bedanken, dass der Käse letztendlich doch noch sehr gut geworden ist.

Alle da und bereit zum Melken?
Dann kann's losgehen!

Ich habe grundsätzlich Mühe, mir bei einem Gebet die richtigen Ansprechpartner vorzustellen, also behalte ich den Engel an der Kapellenwand im Auge, der so kitschig schön gemalt ist wie aus einem Superman-Comic. Wir bitten darum, dass auch der nächste Tag gut werden möge. Für mich könnte das so aussehen, dass ich einen hübschen Ausflug mache und das Trainsjoch besteige. Von der Alm ist man in ca. einer dreiviertel Stunde auf dem Gipfel und hat einen sagenhaften Ausblick nach Tirol und Bayern. Aber dann zeigt Marei seufzend auf die Weidefläche vor ihrer Hütte. Sie ist voll von lästigen Nachtschattengewächsen, die das saftige Gras überwuchern. Also melde ich mich zum freiwilligen Unkrautvernichtungseinsatz, das heißt, ich verbringe den nächsten Vormittag damit, das Übel bei den Wurzeln zu packen.

Bohnensuppe und ausgezogene Nudeln – da kann auch Klara nicht widerstehen.

Ich arbeite im Schweiße meines Angesichts, den Kopf zu Boden gesenkt, und merke nicht, dass ich von glotzenden Kühen eingekreist werde. Am Morgen, wenn es nicht so heiß ist, dürfen sie nach dem Melken noch ein bisschen weiden, bevor es in den Stall geht. Eine Kuh mit Hörnern, hat mir Klara erklärt, sei im Prinzip nicht gefährlicher als eine hornlose Kuh, im Gegenteil, sie fühle sich sicherer und verhalte sich deshalb oft weniger aggressiv. Solange jene, die sich mir jetzt in den Weg stellt, nur schaut, will ich das gern glauben. Außerdem hat mir Marei zur Stärkung selbstgebackene Hildegard-Kekse verabreicht, die schmecken nicht nur ausgezeichnet, sondern gelten auch als erprobte Nervennahrung. Ich spüre schon die Wirkung. Kleiner Machtkampf gefällig? Die Klügere gibt schließlich nach, die Kuh trottet davon.

Aber dann sieht es doch noch so aus, als wolle mich eine auf die Hörner nehmen. Knapp neben Mareis Hütte trabt sie mit ihrer wuchtigen Größe auf mich zu, hält kurz inne, geht wieder los. Ermutigt von meinem kleinen Sieg denke ich nicht daran, umzudrehen. Doch diese Gegnerin lässt sich nicht so schnell einschüchtern, ich trete den Rückzug an, was kuhpsychologisch ein schwerer Fehler ist. Ich sollte ihr die Schneid abkaufen, aber dazu müsste ich selber eine haben. Mein Rückzug ermuntert sie noch mehr, sie nimmt Anlauf. In meiner Not erscheint Marei auf dem Balkon und kippt dem angriffslustigen Tier einen Kübel Wasser über den Kopf, die Kuh türmt, ich bin gerettet. „Danke Marei!" Sie lächelt bloß. Ich weiß, was das heißt: Nichts für ungut. Eine Hand wäscht die andere. Und manchmal muss einer auch der Kopf gewaschen werden.

Köstliche Kiachl am Nudeltag

Zu Mittag ist alle Aufregung vergessen. Marei, Klara und ich sind bei Grete Perktold in der kleinen Jausenstation eingeladen. Jeden Donnerstag gibt es dort ausgezogene Nudeln, so auch heute. Dort, wo ich herkomme, nämlich aus dem Bezirk Innsbruck Land, sagt man dazu Kiachl. Grete serviert dazu entweder Bohnen- oder Gerstensuppe, Sauerkraut oder Apfelmus. Auch Klara hat bereits als Kind die Herstellung dieser Spezialität gelernt, dabei herrschten sehr strenge Regeln. Wenn ihre Schwestern und sie bei der Zubereitung lackierte Fingernägel hatten, dann weigerte sich ihr Vater, die Nudeln zu essen. Er fand das schlichtweg „grauslich".

Gretes Nudeln sind rundum appetitlich und man muss aufpassen, dass man nicht zu oft zulangt. Auch die Stimmung ist ausgezeichnet, Gretes Mann spielt Volksmusik auf der Harfe und Klara erzählt lustige Episoden aus dem Almleben. Dabei kommt sie ins Philosophieren: „Eine Alm“, sagt sie, „ist kein Vier-Sterne-Unternehmen, aber das Leben ist ohnedies viel spannender, wenn man sich mit Wenigem bescheiden muss. Wenn man alles jederzeit kaufen kann, ist das ja keine Herausforderung.“ Ich denke zufrieden daran, dass wir beide als gestandene Frauen heute schon die Dachrinne der Hütte repariert haben. Na ja, um bei der Wahrheit zu bleiben: Sie hat repariert und ich habe mit Handlangerdiensten assistiert. Aber immerhin!

Nachbarin Marei in der gemütlichen kleinen Küche ihrer Hütte.

An diesem Tag fällt mir beim Rosenkranz schon viel mehr ein, für das ich danken kann. Ich spüre die körperliche Arbeit in den Gliedern und bin richtig bettschwer, aber die anschließende Kartenrunde mit Klara und Marei bei selbstgemachtem Hollerlikör lasse ich mir nicht entgehen. Während wir übermütig unsere Trümpfe auf den Tisch klopfen, fällt mir ein Zitat aus H.D. Thoreaus Buch „Walden" ein, das ich mit auf die Alm genommen habe und das ich hier nicht weiterlesen werde, weil die philosophische Naturlektüre inmitten von soviel Natur nicht richtig zur Geltung kommt. Aber bis zur zwanzigsten Seite bin ich gekommen und dort steht: „Man denke nur auch an die Damen des Landes, die bis zum letzten Tag Zierkissen sticken, um ja nicht ein zu lebhaftes Interesse an ihrer Bestimmung zu verraten! Als ob man die Zeit totschlagen könnte, ohne die Ewigkeit zu verletzen."

Nein, die Menschen hier auf der Alm sticken keine Zierkissen und verraten auch nicht ihre Bestimmung, sie schlagen die Zeit nicht tot und verletzen nicht die Ewigkeit. Es ist ein gutes Gefühl, bei ihnen zu sein und von ihnen akzeptiert zu werden.

Mein letzter Tag bei Klara auf der Alm kommt viel zu schnell. Mit ein wenig Wehmut packe ich meinen Rucksack ins Auto des Nachbarbauern, der mich mit ins Tal nimmt. Als ich mich nach ein paar Kehren auf der Forststraße noch einmal umdrehe, winkt Klara mit einem leintuchgroßen Stück Stoff vom Balkon der Hütte. Es ist ein herzlicher Abschiedsgruß, der mich rührt, und gleichzeitig der Auftakt für einen wunderschönen Almsommer.

Informationen

Lage: Die Trainsalmen liegen auf ca. 1300 m Seehöhe am Südhang des Trainsjoch (deutsch-bayrisches Grenzgebiet), dem Eckpfeiler von Ursprungtal und Thierseetal. Ausgangspunkt Parkplatz Ursprungpass Landl, nach ca. 1 ½ Stunden erreicht man die sonnig gelegene Jausenstation Mariandlalm. Danach geht es weiter hinauf zur Trainsalm (immer der Beschilderung nach). Gesamtgehzeit hin und zurück ca. 4 Stunden.

Besonderheiten: Hübsches kleines Almdorf mit Jausenstation und Almkapelle und sehr sympathischen Sennerinnen.

Verpflegung: Einkehrmöglichkeit in der kleinen urigen Jausenstation der Trainsalm von Juli bis September; jeweils am Donnerstag ist bei Grete Perktold „Nudeltag", das heißt, sie serviert hervorragend schmeckende Kiachl mit Sauerkraut, Bohnen- und Gerstensuppe oder Apfelmus. Ihr Mann spielt dazu bei Gelegenheit auf der Harfe Volksmusik.

20. Juni
Durchkaseralm, Waidring

Die Geschichte der tauben Sennerin

Gibt es eine Alm, die nicht urig ist? Kaum. Jeder Tourismusverband bewirbt seine Almen mit diesem Attribut. Urige Almhütten und Gasthäuser überziehen das ganze Land. Oft wird mit einem urigen Anstrich nachgeholfen: Aus neu mach alt, aus alt mach urig.

Auf der Steinplatte bei Waidring hat „urig" eine andere Dimension. Sie ist eines der schönsten fossilen Riffe der Nördlichen Kalkalpen (die anderen sind großteils durch Deckenüberstülpungen und Faltungen verschwunden), entstanden aus einem Korallenmeer der Triaszeit, und zeigt besonders schön den Übergang zwischen steilem Riffhang und Becken. Sie ging deshalb sogar in die geologische Weltliteratur ein. Wo man damals Richtung Kammerköhr hätte schnorcheln können, verläuft heute eine planierte Skipiste, aber im Gipfelbereich kann man noch versteinerte Korallen bewundern und sich vorstellen, wie es hier im Jahr 200 Millionen vor Christus ausgesehen hat: weit und breit nichts als Wasser. Jetzt sieht man ringsum ein Meer von Bergen. Wenn man Richtung Osttirol und Hohe Tauern blickt, scheint das Meer sogar Wellen zu schlagen. Angesichts dieser Aussicht ist es besonders angenehm, dass das Riff, auf dem man steht, trocken ist und man die Gegend in Wanderschuhen erkunden kann.

Heute bin ich mit Margit und Angelika unterwegs, zwei hervorragenden Kennerinnen der Region. Der „Triassic Park", den man hier errichtet hat, mit „Triassic-Center" als Fossilien-Museum, dem „Triassic-Beach" und einem „Forscher-Zentrum" für „erlebnishungrige Trek-Führer" interessiert uns weniger, wir halten uns auf jenen Wegen, wo statt 3D-Animation einfache Täfelchen als Wissensvermittlung genügen, denn wir wollen auf die Durchkaseralm zur Ambachhütte.

Zuerst geht es vom Parkplatz Steinplatte auf einem Naturlehrpfad Richtung „Brennhütte". Nach einer zweiwöchigen Regenphase präsentieren sie sich an diesem ersten vollen Sonnentag herrlich erfrischt: Enziane, Trollblumen, weißer Hahnenfuß und weiße Anemonen (auch Milchröschen genannt), die seltenen Zwergalpenrosen (für die Blüte der herkömmlichen Alpen- oder Steinrosen ist es noch zu früh), Bergmargeriten und Hornklee überbieten sich in Farbkraft, dazwischen lilafarbene Felder aus Kugelblumen und Mehlprimeln. Für letztere hat der Volksmund einen wenig schmeichelnden Ausdruck parat: Soachblüamelen. Sie riechen tatsächlich ein wenig nach Pisse, aber nur, wenn man sie unmittelbar vor die Nase hält – und davon kann man ja Abstand nehmen.

Durch ein Blumenmeer zur Alm

Die gemütliche Brennhütte, die einen Abstecher lohnt, ist ein beliebtes Ausflugsziel. Sie befindet sich in einem Taleinschnitt ca. 150 Meter unterhalb des Almplateaus neben einer ergiebigen Trinkwasserquelle. Deshalb durfte in früherer Zeit hier auch das Brennrecht ausgeübt werden, was sonst auf karstigen Almen wegen der Wasserknappheit unüblich war. Für die Schnapsbrennerei wurden neben den Vogelbeeren und verschiedenen Wurzelarten wie Enzian-, Blut- und Meisterwurz auch die wohlriechenden Wacholderbeeren (in der Mundart „Kranebitt") verwendet.

Schon in grauer Vorzeit war die Hütte gern besucht, insbesondere von den Bayern, die über Winklmoos und Seegatterl im Sommer und Winter zu Fuß über die angrenzenden Almen kamen. Nicht einmal die Tausendmarksperre konnte sie aufhalten. Sie waren ohne die verbotenen Zahlungsmittel unterwegs, das Geld wurde auf der Winklmoosalm hinterlegt. Der Hüttenwirt holte bei Nacht und Nebel sein Geld dort ab und es ist nicht bekannt, dass er jemals um die Zeche geprellt wurde. Die Wirtsleute waren damals auch im Winter auf der Hütte und mussten sich mit Ausnahme der Milch von ein paar Ziegen alles aus dem Tal beschaffen – zu Fuß, die Lasten am Rücken tragend. Inzwischen ist die Hütte mit einem Fahrweg erschlossen und kann, wenn nötig, auch mit dem Auto erreicht werden.

Wenn die Nebel sich lichten,
sieht man hier weit.

Wenig später treffen wir bei der Ambachhütte ein. Sie ist tatsächlich urig: eine alte Steinhütte, 1752 erbaut, also zu Zeiten Maria Theresias. Die winzige Stube ist bei schlechtem Wetter schnell aufgeheizt und so richtig zum Einkuscheln und der kleine Raum, der sich Küche nennt, hat noch eine alte Feuerstelle. Der Ruß an den Wänden ist echt. Die Sennerin, Waltraud Zelger, ist auch eine Urige, mit langer Sennerinnentradition in der Familie. Ihre Großmutter hat 70 Sommer auf der Ambachhütte verbracht. Sie war taub, was die Arbeit einer Sennerin naturgemäß erschwert. Allerdings war sie nicht von Geburt an taub, man träufelte ihr als Kind bei einer Mittelohrentzündung zu heißes Schweinefett in die Ohren. So schnell kann aus einem alten Heilmittel ein Unheilmittel werden.

Im Alter von vierzehn Jahren wurde die taube Sennerin bei einem Schlechtwettereinbruch ausgeschickt, die Kühe heimzutreiben, aber sie konnte sie nicht finden, weil sie das Glockengebimmel nicht hörte. Schließlich fand sie im dichter werdenden Nebel nicht einmal mehr den Weg zurück und musste die kalte Nacht im Freien verbringen. Am Morgen, als der Nebel verschwunden war, sah sie, dass es nicht mehr weit bis zur Hütte gewesen wäre. Die Kühe waren inzwischen allein zurückgekehrt. Das Mädchen lernte daraufhin, aus den Spuren der Huftritte und aus den Kuhfladen die Kühe der ihr anvertrauten Herde zu erkennen. Der Nebel war nun kein so großes Problem mehr für sie.

Viel Nebel, wenig Wasser

Neben dem Nebel, der häufig über die 350 Hektar große Alm im Karstgebiet hereinbricht, war bis zur Verlegung der Wasserleitung vor allem die Wasserknappheit ein Problem. Das weiß Hans Steiner aus Waidring zu berichten, der sich gut mit der Almchronik auskennt. Es gab ein paar kleinere Quellen, die mitunter zur Versorgung von Mensch und Tier nicht ausreichten. Deshalb waren die Quellen und Wassertröge jeweils einer bestimmten Hütte zugeteilt. Für Futterreserven bei längeren Schlechtwettereinbrüchen war die „Tret“ zuständig, das war das Gebiet um die Hütten. Dort durfte sich kein Vieh aufhalten, damit die Weideflächen nicht vorzeitig abgegrast wurden und der Bereich sauber blieb.

Die meiste Zeit war die Alm auf zehn Besitzer aufgeteilt und die Almleute waren eine verschworene Gemeinschaft, allerdings gab es auch manchmal Auseinandersetzungen, vor allem wegen der Wasserzuteilung. Den Streit zu schlichten, dafür war der Alpmeister da. Jedes Jahr wurde für diese Aufgabe ein neuer Vertreter der Almgemeinschaft gewählt. Er hatte auch noch viele andere Aufgaben, zum Beispiel für den Stier zu sorgen, der einen schönen Almsommer verbringen und die Kühe beglücken durfte.

Gruppenbild mit Trollblumen, auch Goldköpfchen oder Butterblumen genannt.

Heute ist die Ambachsennerin die einzige hier oben, die noch Milchkühe hält, die anderen Hütten werden zum Großteil als Privathütten genützt. Wir bestellen also frische Milch und trinken auf die Ambachsennerin, die den köstlichen „Energydrink Almmilch" in großen Schalen serviert. Der Körper erhält durch die Milch einen kräftigen Calciumschub gegen Osteoporose. Wollten wir die gleiche Menge Calcium mit pflanzlicher Nahrung aufnehmen, müssten wir Unmengen von Grünzeug verdrücken und könnten uns gleich zu den Kühen auf die Weide stellen.

Von der Ambachhütte aus kann man weiter zum Fellhorn wandern, eine schöne Tour für ambitionierte Berggeher, aber wir haben uns auf der Alm verplaudert und sind spät dran. Deshalb steigen wir noch die ca. fünf Minuten hinauf zum Windbühel auf 1513 m und genießen ein kleines Gipfelerlebnis, denn hier eröffnet sich ein sagenhaftes Rundpanorama. Wir blicken auf: Eggenalmkogel, Fellhorn, Zillertaler Alpen, Gerlosplatte, Kitzbüheler Horn, Großvenediger, Stubacher Sonnblick, Großglockner, Loferer Steinberge, Steinplatte, Hundstod, Watzmann, Reiteralm, Untersberg, Sonntagshorn, Dürnbachhorn, Hochfelln, Hochgern (gern heißt übrigens „steil") und den Chiemsee.

Das wäre jetzt die Zeit für einen Jodler, aber unsere milchgetränkten Stimmlein schallen nicht weit. Waltraud Zelger kann das besser. Sie schickt ihren Gästen gern einen kraftvollen Juchezer nach, so auch uns. Der Juchezer meint: „Pfüat Gott und kommts wieder!" Das werden wir ganz gewiss tun.

Informationen

Lage: Von Waidring führt eine asphaltierte Mautstraße bis zum Parkplatz Steinplatte auf 1374 m Seehöhe. Hier zweigen mehrere Wanderwege ab. Auf dem Naturlehrpfad geht es zur Abzweigung „Brennhütte" (Einkehrmöglichkeit), dann weiter zur Durchkaseralm mit Ambachhütte. Der Weg verläuft mit sehr geringer Steigung und nimmt nur ungefähr ½ Stunde Gehzeit in Anspruch.

Besonderheiten: Auf der Steinplatte eröffnet sich ein ca. 400 km langes Netz aus gepflegten Wander- und Bergwegen. Im Winter ist das Gebiet um die 350 ha große Durchkaseralm ein beliebtes Schneeschuhgebiet.

Verpflegung: Auf der Brennhütte gibt es köstliche Tiroler Küche, auf der Ambachhütte frische Milch, Buttermilch sowie Käse und Speckbrote und – wenn kein Nebel herrscht – ebenfalls eine herrliche Aussicht. Die Sennerin stellt sich übrigens nicht taub, wenn man sie bittet, eine Geschichte vom Almleben zu erzählen.

Zwischen Nutzalm und Naturparadies

Will man genaue Details über das Tiroler Almwesen wissen, ist Johann Jenewein der richtige Ansprechpartner. Er wuchs als sechstes von sieben Kindern auf einem Bergbauernhof in Schmirn auf. Nach seinem Studium der Landwirtschaft an der Universität für Bodenkultur in Wien begann er seine Arbeit beim Amt der Tiroler Landesregierung, Abteilung Agrarwirtschaft, als land- und almwirtschaftlicher Gutachter. Zudem ist er Chefredakteur der österreichweit erscheinenden Fachzeitschrift „Der Alm- und Bergbauer“ und war 10 Jahre Geschäftsführer des Vereines „Almwirtschaft Österreich“ sowie des Tiroler Almwirtschaftsvereines.

Foto: privat

Wieviele bewirtschaftete Almen gibt es in Tirol?

Johann Jenewein: Ungefähr 2250. Sie zusammen ergeben eine Almfutterfläche von 196.000 ha, das sind 60 Prozent der landwirtschaftlich genutzten Flächen in Tirol. In der Almfutterfläche sind alle Flächen beinhaltet, für die Bauern eine Alpungsprämie beziehen, das heißt Almwege und sonstige für die Weide nicht nutzbaren Almflächen sind davon abgezogen. Die Almkatasterfläche wiederum gibt die gesamte Fläche an, die zu einer Alm gehören, also auch Wald, Wege und felsiges Gelände. Die Almkatasterfläche macht 47 Prozent der gesamten Tiroler Landesfläche aus.

Wann spricht man von einer bewirtschafteten Alm?

Johann Jenewein: Das Kriterium ist nicht, ob sich ein Wirtshaus auf der Alm befindet oder ob dort oben jemand ein Kräutergärtlein anlegt. Eine bewirtschaftete Alm hat immer mit Viehhaltung zu tun. Dabei gibt es viele mögliche Formen: reine Kuh- und Melkalmen, reine Schafalmen, reine Pferdealmen oder eben gemischte Almen. Außerdem muss das Vieh mindestens 60 Tage durchgehend auf der Alm gehalten werden, damit der Besitzer die Alpungsprämie beziehen kann.

Ohne Alpungsprämie würden wahrscheinlich viele Bauern ihre Almen auflassen?

Johann Jenewein: So würde ich das nicht sagen, die Almen sind ja wichtig für die Bauern, schließlich können sie sich durch den Almbetrieb ein Viertel bis ein Drittel der Futtermittelnutzung von den Talflächen für den Winter aufsparen. Aber die Bewirtschaftung einer Alm ist auch sehr kostenintensiv, vor allem die Melkalmen erfordern einen hohen finanziellen Aufwand. Es braucht Personal, es braucht Geräte, es braucht Gebäude mit entsprechender Einrichtung. Ohne Alpungsprämie könnten viele Bauern ihre Almen nicht wirtschaftlich betreiben.

Müssen wir trotzdem um unsere Almmilch fürchten?

Johann Jenewein: Die Landwirtschaft steht allgemein unter Druck und die Milchwirtschaft im Besonderen. Almmilch ist von der Produktion her teurer als Milch, die im Tal abgemolken wird, vor allem bei abgelegenen Almen, wo auch die Transportwege länger sind. Bis jetzt wurde die Almmilch durch besondere Regelungen geschützt. In Österreich wurde 1978 eine Milchquotenregelung eingeführt, von der die Almmilch ausgenommen war, die Bauern konnten so viel Almmilch liefern wie sie wollten. 1995 mit dem Beitritt zur EU wurde auch der Almmilch eine Referenzmenge zugeteilt, das heißt, die Bauern durften zu ihrem üblichen Kontingent nur noch ein festgesetztes Kontingent an Almmilch abliefern. Wenn 2015 die Milchquotenregelung der EU auslaufen wird und dieser Schutzmechanismus völlig wegfällt, dann schaut es mit unserer Almmilch wahrscheinlich schlecht aus.

Nützt es etwas, wenn wir viel heimische Almmilch trinken?

Johann Jenewein: Das ist grundsätzlich lobenswert und man bekommt dabei auch ein hervorragendes Produkt, aber so einfach ist die Sache leider nicht. Trinkmilch macht ja nur einen kleinen Prozentsatz des Absatzes aus. Mittlerweile werden viele Milchprodukte durch synthetische Stoffe ersetzt. Zum Beispiel erobert der Analogkäse immer mehr den Markt. In diesem Kunstkäse ist überhaupt keine Milch enthalten, er wird ausschließlich aus pflanzlichen Fetten hergestellt, vorwiegend aus Palmöl, weil das am billigsten ist. Künstliche Aromen sind auch drin, die Sache muss ja nach irgendetwas schmecken. Man findet diesen Kunstkäse mittlerweile auf vielen Fertigprodukten und er sieht wie Käse aus, allerdings darf er nicht Käse genannt werden. Da steht dann eben auf der Packung „Pizzamischung“ oder ähnliches.

Die Konsumenten können also durch Verzicht auf Fertigprodukte zum Erhalt der Almmilch beitragen?

Johann Jenewein: Rechnen wir doch einfach mal durch: 10.000 Tonnen Kunstkäse entsprechen 10.000 Tonnen Bergkäse. Für 10.000 Tonnen Bergkäse braucht man ungefähr 100.000 Tonnen Milch. Das wäre die Milchleistung von ca. 16.600 Kühen pro Jahr. Ein durchschnittlicher Milchkuhbetrieb in Österreich besitzt zwölf Kühe. Das heißt, es kämen bei Verwendung von Bergkäse statt Kunstkäse 1350 Milchbauern einigermaßen wirtschaftlich durchs Jahr.

Was sind die Folgen, wenn immer mehr Bauern ihre Almen auflassen?

Johann Jenewein: Werden die Almen nicht mehr gepflegt, werden auch die Wege nicht mehr gepflegt, es gäbe in diesen Höhen bald keine sicher begehbaren Flächen mehr. Der Laie sieht ja nicht, wie viel Arbeit hinter so einer Wege- und Almerhaltung steckt. Wenn die Wandersaison beginnt, sind die Winterschäden bereits ausgebessert. Würde das alles nicht mehr gemacht, wäre das fatal für unser Land, denn unsere Almen sind auch ein wichtiger Wertschöpfungsfaktor für den Tourismus.

Außerdem sind Almen wichtig für den Naturschutz. Auf einer Alm herrscht die größere Artenvielfalt als auf einer naturbelassenen Fläche. Durch das Abweiden werden Bestände gefördert, die Licht brauchen und sonst zugrunde gehen würden. Eine Alm ist auch deshalb ein Naturparadies, weil keine chemischen Düngemittel oder Unkrautvernichtungsmittel eingesetzt werden dürfen, sonst wird die Alpungsprämie nicht zugeteilt. Das Abweiden schützt aber auch vor Muren und Lawinen. Wenn der Schnee auf langem Gras zu liegen kommt, rutscht er bei einer bestimmten Hangneigung ab wie auf einem Schindeldach. Die angefrorenen Gräser werden mitgerissen, das verursacht wiederum Schäden am Boden, die im Sommer zu Murenabgängen führen können. Diese Folgen sind ja alle hinlänglich bekannt.

Gibt es neue Modelle einer zeitgemäßen wirtschaftlichen Almnutzung?

Johann Jenewein: Mir gefällt das Modell einer Erlebnisalm, wie es zum Beispiel die Burgeralm in Rettenschöss betreibt. Dort werden u.a. erlebnispädagogische Führungen für Kinder und Erwachsene durchgeführt. Und man verarbeitet und vermarktet die Almprodukte direkt vor Ort. Es gibt eine Jausenstation und einen kleinen Almladen, wo die hausgemachten Produkte verkauft werden. Solche Almen wirtschaften meistens profitabel. Denn eines ist sicher: Am meisten Ertrag bringt der Käse – und wir reden jetzt von echtem, schmackhaftem Almkäse –, wenn er auf der Alm mit einem kleinen Höhenzuschlag serviert wird und alle sich über eine gute Jause freuen.

Foto: privat

22. Juni
Bodenalm, Brandberg

Konvoi der Bergsteigerkühe

Wie kommen Kühe auf die Alm? Mittlerweile meistens ganz bequem mit dem Traktoranhänger oder Viehtransporter. Wenn es allerdings keine Forstraße gibt, sondern nur einen halsbrecherisch steilen und schmalen Steig, der sogar konditionsstarken Wanderern in die Knie fährt, müssen sie ihre bergsteigerischen Qualitäten unter Beweis stellen. Auf der Bodenalm im Zillertal ist das so. Dort beginnt der Almsommer mit einer Härteprobe für die Kühe, wenn der Auftrieb über unzählige Steinstufen ansteht. Wie geschickt sie die Felsen hinaufklettern, glaubt man nicht, wenn man es nicht gesehen hat, also schaue ich es mir an.

Treffpunkt ist die Talstation der Materialseilbahn zur Bodenalm in der Nähe des Gasthofs Häusling. Bäuerin Monika Dengg wartet um halb sechs Uhr morgens mit einigen Helfern, bis die Kühe von der Niederalm kommen. Man sieht ihr an, dass sie nervös ist. Sie ist an diesem Tag die Frontfrau, das heißt, sie muss zusehen, dass die Tiere hinter ihr bleiben, was keine leichte Aufgabe ist, denn die erfahrenen Leitkühe kennen den Weg und haben nicht vor, sich unnötig einzubremsen. Noch dazu regnet es an diesem Morgen leicht, was den Weg besonders rutschig macht. „Es ist jedes Jahr dasselbe“, sagt Monika, „ich kann in der Nacht zuvor vor Aufregung nicht schlafen und bin immer heilfroh, wenn alles gutgeht.“

Gleich beim Einstieg in den steilen Steig gibt es unter den Kühen chaotisches Gerangel, als würde man sich mit einer aufgeregten Schulklasse auf den Weg machen: Gereiztes oder ängstliches Muhen ertönt, die einen sprinten los, die anderen trödeln. Aber das Trödeln hat einen Grund – es ist die Beklommenheit vor dem Aufstieg. Vor allem den Kälbern, die zum ersten Mal den Weg auf die Bodenalm vor sich haben, kann man ansehen, was sie denken: „Was? Da hinauf soll ich? Nicht mit mir!“

Die Kälber sind am schwierigsten nach oben zu bringen und bilden deshalb das Schlusslicht. Sie wissen noch nicht, dass sich die Mühe lohnt. Deshalb stellen sie auf stur, bleiben stehen oder versuchen jede Gelegenheit zu nützen, wieder umzudrehen. Manchmal setzt sich eines mitten in den Weg, schaut verträumt, ängstlich oder trotzig und macht keine Anstalten, weiterzugehen.

Nahe am Abgrund

Die Treiber versuchen es mit gutem Zureden und sanfter Gewalt. An den steilsten Stellen, wo die Stufen besonders hoch und die Steine besonders rutschig sind, wird gezerrt und geschoben. Und so bleibt auch den Kälbern letztlich nichts anderes übrig, als den Weg zu nehmen, den hier jeder nehmen muss, der nach oben will, ob Mensch oder Tier. Wenn ein Tier gar nicht weiterwill, behelfen sich die Hirten mit einem Trick: Sie werfen eine Joppe über das Gesicht einer ängstlichen Kuh, dann verschwindet der Abgrund und sie trottet ergeben weiter wie in Trance oder in einem Alptraum, aus dem das Erwachen dann allerdings umso schöner ist: Am Ziel angelangt eröffnen sich nämlich die saftigsten Weiden.

Bis zu achtzig Stück Rinder klettern jedes Jahr den beschwerlichen Weg hinauf zur Bodenalm und treten nach dem Sommer den noch schwierigeren Rückweg an. Zwei bis zweieinhalb Stunden sind sie dabei unterwegs. Ein Glück für die Herdentiere, dass sie sich gern auf Autoritäten verlassen und schicksalsergeben den erfahrenen Leitkühen folgen, sonst würden wahrscheinlich etliche von ihnen in Panik geraten auf dem steilen Weg, wo an vielen Stellen nicht zwei Menschen nebeneinander gehen können und zwei Kühe schon gar nicht.

Einem Stier ist es vor vielen Jahren einmal passiert: Er traute sich beim Almauftrieb nicht mehr weiter und hielt die gesamte Herde auf. Das wäre nicht so schlimm gewesen, man wäre allenfalls mit Verspätung auf die Alm gekommen. Aber ihn hatte wilde Verzweiflung ergriffen, die hinter ihm gestaute Kuhprozession wurde bereits unruhig, eine Massenpanik drohte. Den Hirten blieb nichts anderes übrig, als das arme Tier buchstäblich aus dem Weg zu räumen, das heißt, sie stießen den Stier die steile Felswand hinunter. Wenn man die Felswand sieht, kann man sich vorstellen, dass von ihm nicht viel übrig blieb.

Solche drastischen Maßnahmen mussten zum Glück seither nicht mehr ergriffen werden, wenn es auch immer wieder zu Krisensituationen gekommen ist. Mit Pferden, die grundsätzlich nervöser sind als Kühe, leichter scheuen und außerdem von ihrem Körperbau höher gestellt sind, war der Auf- und Abstieg ebenfalls immer extrem schwierig. Als man sie auf der Bodenalm noch als Arbeitstiere einsetzte, erforderte vor allem der Abstieg von den Almleuten besonderes Geschick: Einer führte das Pferd am Zügel, der andere hielt es am Schwanz zurück, damit es nicht vornüber stolperte.

Im Almgebiet werden die Kühe übermütig und tragen erste kleine Kämpfe aus.

Für einigermaßen trittsichere Wanderer ist der gut gesicherte Steig entlang des Bodenbaches, dessen wilde Wasser in den Stillupstausee geleitet werden, allerdings leicht bezwingbar. Er wurde bereits im Jahr 1764 angelegt. Damals noch mit Holzstufen, später wurden die Stufen aus dem Gestein gesprengt. Wie Sepp Schneeberger erzählt, der seinen Anteil an der Alm verpachtet hat, transportierten seine Almvorfahren auch das Heu von den Almangern über diesen Steig ins Tal – auf Tragekraxen zum Teil gezählte neun Kilometer bis nach Brandberg am südseitigen Hang des Zillergrundes hinunter.

Doch eine Straße?

Die Bodenalm ist nicht nur eine Kuh- sondern auch eine Augenweide. Das sieht man sogar bei schlechtem Wetter, wenn wie jetzt bei unserem Almauftrieb die Nebel tief hängen. Gleich nach der Ankunft kredenzt Monika in ihrer gemütlichen Hütte eine gute Jause mit heißem Tee und Hirte Kassian melkt eine der weißen Ziegen, damit wir frische Ziegenmilch kosten können. Schmeckt nicht schlecht und nicht ganz so bockig, wie ich gedacht habe, aber ein Stamperl Schnaps hinterher ist trotzdem nicht zu verachten. Schon allein, damit man sich keine Verkühlung holt nach dem regennassen Auftrieb.

Die Kühe richten sich inzwischen in ihrem Sommerlager ein. Ein paar nicht ganz ungefährliche Rangkämpfe müssen noch ausgefochten werden, dann können sie sich dem paradiesischen Leben hingeben, wobei sie vor allem auf die „Spitzwoad" spitzen, das heißt auf das erste besonders zarte Weidegras. Für die Hirten beginnt indes der Almalltag voll harter Arbeit. Einer von ihnen schleift bereits die Sense. „Beim Mahn und bei die Weiberleit, da brauchts a groaße Schneid'", erklärt er schmunzelnd.

Die Bodenalm gehört vier Zillertaler Bauern, also leben vier Hirten auf der Bodenalm in vier Almhütten. Jeder führt seinen eigenen Haushalt und kocht sein eigenes Süppchen oder Melchermuas. Es gibt aber auch viele gemeinschaftliche Aufgaben zu erfüllen auf dem 513 Hektar großen Almgebiet. Die Arbeit auf der Bodenalm mit den steilen Bergmähdern ist ein richtiger Buckel, aber in den letzten Jahren hat es doch einige Erleichterungen gegeben.

Der Milchtransport auf die Niederalm ist kein Problem mehr, seit es die Materialseilbahn gibt. Hoch oben in Karnähe auf fast 2000 m, wo die Kühe ebenfalls im Verlauf des Sommers weiden, gibt es eine

Milchleitung in Form eines Schlauches, die zur Seilbahnhütte führt, allerdings müssen die Kühe dort oben noch mit der Hand gemolken werden. Bei den Hütten ist zumindest ein Stromaggregat für das Betreiben einer Melkmaschine vorhanden. Neuerdings gibt es sogar einen Traktor für die Mistausbreitung. Wie er auf die Alm gekommen ist? Er wurde in Einzelteilen mit der Materialseilbahn hinauftransportiert und oben vom Dorfschmied aus Mayrhofen zusammengebaut.

Auch die schweren Balken zum Wiederaufbau der 1976 durch eine Lawine zerstörten Almgebäude wurden mit der Seilbahn transportiert, erzählt Sepp Schneeberger. Droben mussten sie dann erst noch an Ort und Stelle gebracht werden, so wie jedes andere Material, das mit dem Lastentransport den Weg nach oben findet. Eine richtige „Schlepperbande" sind die verantwortlichen Almleute mitunter, weshalb es auch kein Wunder ist, dass die Besitzerbauern gern einen Forstweg bauen möchten. Als ich im Sommer 2009 die Alm besuche, sind die Diskussionen gerade in vollem Gange.

Hirte Kassian besorgt Milch für einen kleinen Einstands-Umtrunk.

Wanderbegeisterte Menschen, die gern zum puren Vergnügen auf die Bodenalm hinaufsteigen, um die sagenhafte Ruhe fernab von jedem Autoverkehr zu genießen, halten das Vorhaben für einen Frevel. Auch die alten und altgedienten Hirten wie Kassian sind gegen die Straße, die Besonderheit der Bodenalm erfüllt sie mit Stolz. „Wenn ich nicht mehr auf meinen zwei Beinen heraufkomme, habe ich hier nichts mehr verloren", betont er und lässt dabei keinen Zweifel darüber, dass das auch für alle anderen Menschen gelten sollte.

Aber man muss auch die weniger romantisch denkenden Almleute verstehen. Eine Alm, die nicht wirtschaftlich betrieben werden kann, wird aufgelassen, was niemandem nützt. Die Aussichten, dass der Forstweg tatsächlich gebaut wird, sind zu diesem Zeitpunkt allerdings schlecht. Der Milchpreis ist im Keller und es ist absehbar, dass viele Bauern die Milchwirtschaft gänzlich auflassen werden. Auch auf der Bodenalm wird möglicherweise irgendwann nur noch Galtvieh weiden, und dafür zahlt sich die teure Investition für einen Forstweg nicht aus.

Solange der Weg nicht gebaut ist, deuten die Hirten, wenn sie mit Ausflüglern in gemütlicher Runde zusammensitzen, gern zum Hüttenfenster hinaus und sagen: „Joi, schauts, da kommt ein Auto!" Dann gibt es jedesmal großes Gelächter, denn irgendein Almneuling fällt immer auf den Witz herein. An diesem Tag des Almauftriebs war das zufällig ich.

Informationen

Lage: Die 513 ha große Bodenalm liegt auf 1670 m Seehöhe, der steile Steig ist gut gesichert und deshalb für einigermaßen trittsichere Wanderer leicht zu bewältigen. Der Aufstieg dauert ca. 1 ½ bis 2 Stunden.

Vor Mayrhofen links abzweigen Richtung Brandberg/Zillergrund, nach dem Brandbergtunnel links über die Mautstraße in den Zillergrund, ca. 7 km bis zum Weiler Häusling bzw. zum Kraftwerkshaus (Parkmöglichkeit). Dort befindet sich die Talstation der Materialseilbahn zur Bodenalm. Über die Brücke und an einem Bauernhaus vorbei und schon ist man beim Einstieg zum Bodenalm-Steig.

Besonderheiten: Eine der wenigen Tiroler Almen, die noch nicht durch eine Straße erschlossen und nur über einen Steig erreichbar ist. Für ambitionierte Bergsteiger eröffnen sich von der Bodenalm aus viele lohnende Berg- und Klettertouren, u.a. der Kletterklassiker Grundschartner Nordkante (3061 m).

Verpflegung: Es gibt kein Almgasthaus, also Jause selber mitbringen, aber ein gemütliches kleines Matratzenlager für Selbstversorger ist vorhanden.

26. Juni
Einödalm und Hackeralm, Kirchdorf

Von Jägern, Gamshiatern und wildernden Sennerinnen

Der Wilde Kaiser trägt noch einen Morgenmantel aus Nebel, als wir uns in aller Frühe auf den Weg vom Kirchdorfer Weiler Gasteig hinauf zur Einödalm machen. Über eine gut gepflegte Forststraße, vorbei an einem urwüchsigen Buchen-Fichten- Mischwald, geht es stetig ca. eineinhalb Stunden bergauf, bis wir auf einer der steilsten Almen der Gegend angelangt sind: die Hackeralm auf 1097 m Seehöhe. Hier wird sogar manchmal den Kühen schwindlig, aber diese weiden ja auch auf den abschüssigen Almwiesen, während wir uns auf der gewundenen Forstraße halten können. Später werden wir der Sennerin einen Besuch abstatten und uns dramatische Szenen aus dem Almleben erzählen lassen, jetzt gehen wir zuerst weiter auf die Einödalm, die höher liegt und aussieht wie aus einem Almbilderbuch.

Sie gehört dem Einödbauern aus Gasteig, der morgens und abends vom Dorf hinauffährt und seine Rinder versorgt, weshalb untertags kein Senner nötig ist. Es gibt also auch keinen Ausschank und Besucher können nur einen Blick in die Hütte werfen, wenn jemand von der Bauersfamilie anwesend ist, oder wenn man einen urigen Almschlüssel aus gebogenem Eisendraht hat, wie mein heutiger Begleiter, Balthasar Lackner. Er ist der Chef vom bekannten Hotel und Spezialitätenrestaurant „Gasteiger Jagdschlössl" und er hat als passionierter Jäger das Jagdgebiet hier gepachtet. Ein gekonnter Dreh mit dem Draht und schon stehen wir in der guten Stube und in einem früheren Jahrhundert. Die rußgeschwärzte Feuerstelle mit Esse (welche man auch als mittelalterliche Dunstabzugshaube bezeichnen könnte) sieht aus, als werde hier noch regelmäßig gekocht, in der stabilen Holztür zur kleinen Schlafkammer haben sich die Sennerinnen und Senner verewigt, die hier gearbeitet haben. 1882 lese ich als früheste Jahreszahl, aber vielleicht hat sich irgendwo eine noch frühere versteckt.

Durch Almrosen und Schinderlatschen

Es wäre angenehm, jetzt an der Feuerstelle ein Feuer zu machen und ein bisschen zu verweilen, während draußen die Restwolken vom nächtlichen Gewitter um die Hütte ziehen, aber wir wollen noch hinauf auf den Niederkaiser zum Sonnwendkogel, wo zur Sommersonnenwende traditionell große Feuer entzündet werden und wo sich am frühen Morgen oft auch Gämsen aufhalten. Neugierig beäugen uns die Kühe der Einödalm. Sie haben es hier gemütlicher als jene von der Hackeralm, denn sie weiden auf sanften Hügeln und Mulden. Es sind hübsche Pinzgauer Kühe, also keine Turbo-Milchkühe. Kompromisskühe, könnte man sagen, aber ein guter Kompromiss zwischen Milch- und Fleischlieferanten.

Noch immer begleitet uns der „Gamshiater", wie der Nebel im Jägerjargon heißt, weil man in diesem Dunst nicht einmal mit dem besten Fernglas eine Gams erspähen kann. Auch oben auf dem Sonnwendkogel zeigen sie sich heute nicht, und der ansonsten fantastische Ausblick auf die Orte St. Johann, Fieberbrunn, Oberndorf, Kitzbühel, Reith, Going und Ellmau sowie auf die umliegende Bergwelt bleibt an diesem Morgen vernebelt. Nur hin und wieder reißen die Wolken auf und geben eine Bergspitze frei. An klaren Tagen kann man hier bis zum Großglockner sehen.

Balthasar Lackner kommt oft mit seinen Gästen hierher. Viele von ihnen sehen dann zum ersten Mal eine Gams aus nächster Nähe. Während Gämsen und Menschen reglos voreinander verharren, steht für ein paar kostbare Augenblicke die Zeit still. In solchen Momenten würden die Gäste keiner Gams und auch keinem anderen Tier etwas zuleide tun wollen, aber wenn sie sich im Herbst über die vorzüglich zubereiteten Wildspezialitäten beugen, sind sie froh, dass die Schonzeit auch ein Ende hat.

Beim Abstieg vom Sonnwendkogel fällt mir Balthasar Lackners Jägerhut auf. Das Edelweiß darauf sieht schneidig aus. Kein Wunder, es besteht aus Fuchszähnen, wie er mir erklärt. Und das etwas zerrupfte Haarbüschel daneben ist kein Gamsbart, sondern ein Gamspinsel, gefertigt aus den Haaren, die auf dem Geschlechtsteil eines Gamsbockes wachsen. Je älter der Bock, umso mehr Haare und umso kostbarer die Trophäe. Ich will auch etwas Schmuckes auf meiner Kappe, es muss ja nicht gleich etwas derart Anzügliches sein. Meine Wahl fällt auf eine Almrose. Es wachsen hier jene mit den rostigen Blättern. Mit ihren hübschen rosa Blüten verzücken sie Wanderer immer wieder aufs Neue, aber sie werden auch Schinderlatschen genannt, weil sie die Almweiden verbuschen und es eine ziemliche Schinderei ist, sie einzudämmen.

Fitte Kühe auf steiler Alm

Mit der „Zwick“, also einer großen Schneidschere, kämpfe sie beinahe täglich gegen die Verbuschung an, erzählt Helga Edenhauser, die Sennerin von der Hackeralm. Und das ist in diesem steilen Gelände harte Arbeit. Nach dem Sommer ist sie jedesmal fit wie eine Gams, ihre Kühe auch. Das wiederum fördert die Qualität der Milch, diese ist hier besonders fett und gehaltvoll, wenn auch das steile Gelände seine Tücken hat. Am Tag zuvor ist ein Kalb abgestürzt. Zuerst sah es so aus, als sei nichts mehr zu machen, aber einen Tag später steht es schon wieder munter und eine Erfahrung reicher im Stall. Gebrochen hat es sich nichts, aber beträchtliche Schürfwunden hat es sich zugezogen, die Helga Edenhauser mit einem Wundspray behandelt.

Daneben steht die Kuh Sonnwend in den Wehen, das heißt, sie „tretelt“, weil es jetzt bald ernst wird. Eine eingefallene Stelle am Rücken, dort wo die Mutterbänder sich bereits gelockert haben, zeigt, dass es höchstens noch zwei, drei Stunden dauern wird. Zeit, sich einen Namen zu überlegen? Eigentlich nicht. Denn wenn es ein Kuhkalb wird, dann bekommt es für drei Jahre den Namen der Mutterkuh und erst dann einen eigenen Namen. Und wenn es ein Stierkalb wird? Stirbt es dann namenlos als Kalbfleisch? Das bereden wir jetzt lieber nicht neben der kalbenden Kuh. Wenn alles gut geht, verläuft die Geburt unspektakulär und ruhig. „Die Gefleckten schreien nicht, wenn sie gebären, nur die Friesen, die schreien. Wie die Holländerinnen eben“, sagt Helga Edenhauser lachend.

Helga mag ihre Kühe
und die Kühe mögen sie.

Sie ist eine agile Person, voll ansteckender Fröhlichkeit und mit geradlinigem Charakter. „Die selbständige Arbeit verlangt selbständiges Denken, das wirkt sich auf alle anderen Lebensbereiche aus. Wir Bauern und Alminger lassen uns nicht so leicht unterbuttern und bevormunden", sagt sie. Die Bäuerin aus Oberndorf liebt die Arbeit auf ihrer Alm, aber sie hat nichts übrig für romantische Annäherungen ans Thema. Eine Alm sieht sie vor allem als Wirtschaftsbetrieb, der sich dementsprechend rentieren muss. Verzierende Schnörkel und volkstümliche Dekoration sucht man auf der Hackeralm vergebens. Vor der Tür steht an diesem Tag ein Strauß Almrosen in einem Glas, damit hat es sich auch schon. Neben der vielen Arbeit bleibt der Sennerin keine Zeit, die Hütte oder gar sich selbst aufzubüscheln. „Aber ich brauche meinen Luxus", sagt Helga Edenhauser. Und Luxus auf der Alm heißt: Elektroherd, Strom, Fließwasser aus der Leitung, eine Dusche. Und natürlich wird in einem florierenden Wirtschaftsbetrieb nicht mit der Hand gemolken. „Diese Zeiten sind vorbei. Mein Vater hat das noch gemacht, er war Melker und hatte so feine, zarte Hände, wie sie Melker eben haben. Er hat wohl aus diesem Grund eine zwanzig Jahre jüngere Frau bekommen."

Mit der Zwick gegen das Ungeheuer

Auf der Hackeralm kann man einkehren und eine köstliche Jause aus Bauernprodukten genießen, aber weil die Hütte nicht aussieht wie ein Gasthaus, setzen sich mitunter Wanderer ohne zu fragen auf die Bank vor dem Haus und verzehren ihre mitgebrachten Brote. Das empfindet Helga Edenhauser fast wie einen Hausfriedensbruch. Anderswo meint sie, würden sie sich das nicht trauen. Einmal haben solche „Gäste" ihre Küche gestürmt und sie nach dem Weg gefragt, nachdem sie zuerst eine Zeitlang die Bank vor dem Haus in Beschlag genommen hatten, ohne auch nur ein Getränk zu bestellen. Die Auskunft, die sie bekamen, fanden sie verwunderlich: „Ich kenne mich hier in der Gegend auch nicht aus", sagte die Sennerin.

Mit Sennerinnen soll man es sich nicht verscherzen. Davon konnten vor allem Balthasar Lackners Jägervorgänger ein Lied singen. Diese hatten es nämlich hier in der Gegend mit wildernden Sennerinnen zu tun, die ihre Beute mit aller Entschlossenheit verteidigten. Damals, in den schlechten Zeiten, ging es ums Überleben – für beide

Seiten. Eine ganz Energische schoss einmal einem Jäger in den Hut. Wer weiß, vielleicht hat ein Edelweiß aus Fuchszähnen ihm das Leben gerettet.

Nette Gäste sind auf der Hackeralm jederzeit herzlich willkommen. Kann aber sein, dass gerade niemand zu Hause ist, weil es im Stall (oder im Haag, wie er hier auch genannt wird) und auf den Weiden anderes zu tun gibt. Früher haben sich die Arbeit auf der Alm mehrere Berufsgruppen geteilt: Der Putzer war fürs Ausputzen der Almweiden zuständig, der Melker fürs Melken, die Hüterbuben fürs Hüten der Almtiere, der Kaser für die Käseherstellung, die Schoßdirn fürs Kochen. Heute bleibt alles an der Sennerin oder dem Senner hängen. Und je nachdem, wie ernst sie die Arbeit nehmen, können sie sich das Almleben mehr oder weniger bequem gestalten.

Das komfortable Almhaus
auf der Hackeralm.

Es gibt auch solche, die sich lieber auf die faule Haut legen, statt zum Beispiel die Almwiesen gewissenhaft auszuputzen. Und dann dauert es höchstens fünf Jahre, bis auf der Alm kein Gras mehr wächst und keine Tiere mehr weiden können.

Deshalb nimmt Helga Edenhauser jetzt wieder ihre große Zwick zur Hand, um der wildernden Natur Einhalt zu gebieten und den Graben, der unweit von der Hütte verläuft, von Gebüsch und Ästen zu befreien. Dieser Graben sieht ganz harmlos aus, kann aber bei starken Regengüssen und Unwettern zu einem Ungeheuer werden, durch Muren verheerende Schäden anrichten und den Weg unpassierbar machen. Aber solange man Ungeheuer mit der großen Zwick besänftigen kann, ist das Almleben in Ordnung.

Eine Augenweide:
die steile Hackeralm bei
einem meiner Besuche
im Herbst.

Informationen

Lage: Die Einödalm auf 1242 m Seehöhe und die etwas tiefer liegende Hackeralm erreicht man vom Kirchdorfer Weiler Gasteig aus. Gegenüber vom Gasthaus Mitterjäger den Wegweisern entlang über eine gut gepflegte Forststraße; Gehzeit ca. 1 ½ Stunden aufwärts, 1 Stunde abwärts, ca. 500 Hm.

Besonderheiten: Die Hackeralm ist eine der steilsten Almen der Umgebung, die Einödalm mit sehenswerter uriger Hütte liegt sanft eingebettet in einer Mulde. Viele Möglichkeiten für Rundwanderungen, zum Beispiel von der Einödalm auf den Sonnwendkogel und weiter über die Kaiseralmen (Kaiserniederalm – Kaiserhochalm – Maukalm) wieder nach Gasteig zurück (ca. 4 Stunden Gehzeit). Auf den Gamskogel sind es vom Tal aus ca. 3 Stunden Gehzeit.

Verpflegung: Auf der Hackeralm gibt es bäuerliche Produkte zur Jause, frische Almmilch von fitten Kühen und sonstige Erfrischungsgetränke, selbstgemachten Joghurt und Topfen sowie einen ausgezeichneten Frischkäse.

30. Juni
Bacheralm, Kirchdorf

Ein Gedicht von einer Alm

Die Bacheralm ist nicht weit entfernt von der Hackeralm, allerdings liegt ein nicht querbarer Taleinschnitt dazwischen, den man bergwärts über den Gscheuerkopf (1280 m) überwinden kann, was gute Trittsicherheit und etwas Schwindelfreiheit erfordert. Für einen Jäger, der fast so gut klettern kann wie eine Gams, kein Problem, für mich schon eher. Aber Balthasar Lackner will mir ohnedies den Weg zeigen, den er mit seinen Gästen immer geht, von denen die meisten gemütliche Almwanderungen bevorzugen. Wir kehren also zurück ins Tal und nehmen den bequemen Steig vom Kirchdorfer Weiler Gasteig aus. Bis hinauf zur Bacheralm sind es vom Tal aus bequeme eineinhalb Stunden, ein kleiner Ausflug also, der keine große Anstrengung erfordert und großteils unter schattenspendenden Bäumen verläuft.

Vorbei an der Metzgeralm führt der Weg schließlich über eine kleine Kuppe und bald stehen wir am höchsten Punkt der Alm, wo wie auf vielen anderen Almen traditionsgemäß ein Wegkreuz aufgestellt ist. Schon von hier oben sieht man: Ein schmuckes Stück ist diese Alm, bestens gepflegt und wunderschön gelegen. Sogar einen Almanger gibt es, also eine Wiese für Heugewinnung. Sie wird gemäht, um in Notzeiten Futtervorräte zu haben – zum Beispiel bei längeren Schlechtwetterperioden mit Schneefall. Früher hatte nahezu jede Alm einen Anger, heute bringt man das Futter lieber vom Tal herauf, das macht weniger Arbeit.

Der üppige Blumenschmuck rund um die kleine Bacheralmhütte entbietet einen herzlichen Willkommensgruß und auf der Haustür steht auf einem Schneidbrett geschrieben: Bei Hunger oder Durst bitte läuten – die Sennerin. Tatsächlich freut sich Gisi Widauer über Besuch und sie hält auch immer etwas Schmackhaftes für ihre Gäste bereit. Klar, dass hier nicht à la carte gegessen wird, sondern das, was am jeweiligen Tag auf den Tisch kommt. Heute gibt es eine Kartoffelkräutersuppe und – es duftet schon von Weitem! – frisches Brot, gerade erst aus dem Backofen geholt. Ein bisschen müssen wir noch warten, bis es ausgekühlt ist, damit wir kein Bauchweh bekommen. Aber dann hält uns nichts mehr.

Erdbeeren und Kräuter aus dem Almgarten

Suppe und Brot schmecken köstlich. Nach dem Rezept der Suppe gefragt, aus der man die frischen Kräuter schmeckt, sagt Gisi einfach: „Ach, eine Handvoll dies und eine Handvoll das.“ Was sie eben so in ihrem bestens bestellten Kräuter- und Gemüsegarten und rings ums Haus an Wildkräutern findet. Sogar Erdbeeren wachsen in ihrem Almgarten. Wir bekommen sie bei der Nachspeise serviert, in einer knusprigen Stanitzelhülle, mit etwas Rahm vermischt.

Ist es Einbildung, oder schmeckt hier heroben wirklich alles besser? Klar, die gute Luft und das Wandern machen Appetit und es geht nichts über frische, naturbelassene Produkte. Bio eben, oder? „Ich wüsste nicht, was bei mir nicht Bio ist“, sagt Gisi Widauer, „aber als Biobauern gehen wir trotzdem nicht durch. Da sind die Bestimmungen einfach zu streng.“ Beim Bauernhof, den sie mit ihrem Mann Sepp in Going betreibt, hapert es an den Stallfenstern. Sie sind ums Kennen zu klein und es würde zu viel kosten, sie auszutauschen. Das macht aber nichts, Gisi und Sepp wissen um den Wert ihrer bäuerlichen Produkte und holen nur das Nötigste aus dem Supermarkt, z.B. Grundnahrungsmittel wie Mehl und Reis. Ansonsten leben sie autark, das heißt, sehr bescheiden und an die Saison angepasst. Im Winter gibt es eben keine Gurken und keinen Salat. Da wird der Vitaminbedarf durch Rüben, Kartoffeln, Kraut und Sauerkraut gedeckt. Das muss reichen und das reicht auch. Dafür freut man sich im Frühsommer umso mehr über das erste frische Grün aus dem Garten.

Fleisch kommt bei den Widauers regelmäßig auf den Tisch, aber Gisi würde nie im Leben Rindfleisch essen. Sie hütet durchschnittlich 19 Stück Galtvieh auf ihrer Alm und hat eine so enge Beziehung zu den Tieren, dass ihr das wie ein Frevel vorkommen würde. „Die Schweine drunten auf unserem Hof stehen mir nicht so nah, die esse ich gern“, sagt sie lachend. Das Almleben schweißt eben zusammen, manchmal auf Gedeih und Verderb. Einmal war es fast soweit, dass sie Angst vor ihren geliebten Rindern bekommen hätte. Eine Kuh von schwierigem Charakter hatte es auf sie abgesehen und hätte sie beinahe umgebracht, indem sie Gisi gegen die Hauswand drückte. „Die ist sich plötzlich ihrer Kraft bewusst geworden und das kann böse enden. Da können wir mit unserem Dirigentenstaberl nichts dagegen ausrichten.“

Gisis feine Kräuterelixiere wie Kapuzinerkressen-Tinktur bzw. „Bauernpenicillin“.

Machtkampf mit einer Kuh

Gisi hat den Machtkampf mit einem Trick gewonnen, indem sie der Kuh im richtigen Moment mit der Hand über die Augen wischte. Eine Knieverletzung, die ihr manchmal noch zu schaffen macht, ist allerdings von der dramatischen Begegnung zurückgeblieben. Ein Respekt vor den Tieren auch. Aber die meisten Kühe lieben Gisi, so wie Gisi ihre Kühe liebt. „Wenn ich sie beim Namen rufe und sage: Kommt her zu mir, dann kommen sie und wackeln als Ausdruck ihrer Zuneigung mit den Ohren."

Gisi ist glücklich auf ihrer Alm, das merkt man sofort. Dabei ist die gebürtige Münchnerin einmal ein richtiges Stadtkind gewesen, allerdings eines, das schon mit neun Jahren wusste: Ich will einmal einen Bauern heiraten und Bäuerin werden. Ihre Mitschülerinnen lachten sie deswegen aus, aber Gisi machte ernst. Als sie mit sechzehn Jahren in Tirol mit ihren Eltern auf Urlaub war und Sepp kennenlernte, war die Sache bald entschieden. Sie hat, wie sie scherzend sagt, den Erstbesten genommen und einen recht Guten gekriegt. Seither lebt sie das Leben, das sie sich immer gewünscht hat. Eine Modernisierung der Alm kommt für sie nicht in Frage. Alles soll so bleiben wie es ist, auch unter Verzicht auf Strom und Fließwasser. Obwohl Fließwasser gibt es ja – draußen am Brunnentrog. Hier hat Gisi den Sommer über ihr Badezimmer: unter freiem Himmel und mit eiskaltem Wasser – das erfrischt und hält jung.

Obwohl sie die Gesellschaft von Menschen schätzt und schon allein wegen Gisis Kräuterkursen viele Menschen auf die Bacheralm kommen, machen ihr auch die Phasen des Alleinseins nichts aus, die ihr Almdasein unweigerlich mit sich bringt, weil Sepp sich meistens um den Hof im Tal kümmern muss. Wenn Gisi niemanden zum Reden hat und trotzdem etwas loswerden möchte, schreibt sie ein Gedicht und fasst ihre Gedanken in Reime. Und so nehme ich an diesem Tag neben einem köstlichen Laib Bauernbrot und dem Rezept für eine würzige Almkräutersuppe (eine Handvoll dies und eine Handvoll das) auch noch ein Gedicht von Gisi Widauer mit auf den Heimweg:

Hochsommer

D'Oiwinga und's Viech san guad eigwed,
und de Kia san an Haag boi'd Sunn hoch am Himml steht.

De Brem' san bös und lästig die Fliagn
So kemman's scho fria und wissen, dass a Soiz und a Handl voll Gleck kriagn.
Aber nit grad meine Viecha brauchn an Hirtn.
Ab und zua san a a paar Wanderer zu bewirtn.
I muaß sagn, des dua i nit ungean,
möcht i doch was auf'n Land ois Nais geit hean.
Zum putzern und schwenden is jetz' oi Tag,
wenn i a adiam gar nit mag.
Aber des nutzt nix, de Boschn wern größer jeds Jahr
Und bis d'schaugst war's ois a Woid und de Woad de war gar.
Boi'd Sunn scheint geh i as Kräuter zsametea, woaß nit, wo mei Blick mi hilenkt,
woaß i doch, dass ma da Herrgott a ganze Apothekn voi Kräutl schenkt.
I bet' und i bitt', dass helfn solln de Kräutl fürn Tee
denn an Winter hoaßt's oft, Mama, hast an Sabei, da Hois tuat ma weh.

Vor dem Essen noch eine kurze Einführung in die Kräuterkunde.

Von Johanniskraut an Schnaps und a guats Oi
bein Fenstal siech i scho nimma auße, ois is mit Flaschl voi.
Da Gaschtn is schee und trag, dass sie grad ois so biag
und Sepp is boid stedig, weil a oi Tag Salat und Gmias kriag.
Bei da Hüttentür hat's 48 Grad, des is nimma zum Lachn
jetz woaß i, warum's a de hoaßn Länder a Siesta machn.
D'Hitz is unerträglich und a Weda wird kemma,
mir kinnan nix machen und miaßn's hi'nemma.
I zünd an de Wetterkeschz von Kirchental
und spreng an Weihbrunn und bet wieder mal
an Rosenkranz und d'Litanei,
und hoff, es schlag ningascht ei.
Es dauert nit lang und ois is um,
und a Boisei drauf scheint sogar wieder d'Sunn.
Da Regn hat ja guat tu, und ois is jetz' gossn
und meine Kuadei ham's Oimgrasei heut besonders genossn.
I geh zum Kreuz und will auf's Dankn nit vergessn
Wenn's grieselt hätt', hiadn meine Viecha bald nix mehr zum fressn.
So geniaß ma an Summa und doan ins recht gfrein
denn es dauert scho no a bois, bis ma as Viech wieder hoam treim.

Kleine Übersetzungshilfe aus dem Unterländer Dialekt:
Oiwinga = Senner; eigwed = eingewöhnt; Haag = Stall; was ois Nais geit = was es alles Neues gibt; Boschn = junge Fichten; Woid = Wald; Woad = Weide; Gaschtn = Garten; stedig = grantig, missmutig; Wetterkeschz – Wetterkerze; ningascht = nirgends; a bois, a Boisei drauf = ein bisschen, wenig später; grieselt = hagelt

Informationen

Lage: Die Bacheralm auf 977 m Seehöhe ist vom Kirchdorfer Weiler Gasteig (746 m) in ca. 1 ½ Stunden Gehzeit zu erreichen. Der Weg beginnt gegenüber vom Gasthaus Mitterjäger, dann dem Wegweiser folgen.

Besonderheiten: Eine idyllische kleine Alm, im Winter mit beleuchteter, 2 km langer Rodelbahn. Die Sennerin der Bacheralm kocht nicht nur gut, sondern gibt als kundige Fachfrau auch Kurse in Kräuterkunde.

Verpflegung: Zu essen gibt es, was Gisi Widauer gerade gekocht oder gebacken hat, das kann eine gute Suppe sein oder auch ein köstlicher Kuchen, oder beides. Dazu gibt es bäuerliche Produkte wie selbstgebackenes Brot, Käse, Milch, Joghurt usw.

... und von der Höh' schallts Hollaröhdulliöh!

Der Tiroler Volkskundler Gunter Bakay studierte Philosophie und Europäische Ethnologie an den Universitäten Wien und Innsbruck. Zu seinen bekanntesten Publikationen zählt das Werk „Bauernerotik in den Alpen – Das Liebesleben der Tiroler vom Mittelalter bis ins zwanzigste Jahrhundert", das er gemeinsam mit Petra Streng geschrieben hat (siehe Interview mit Petra Streng). „Jodeln gehört zum Tiroler wie die Milch zur Kuh", behauptet er. Warum das anerkanntermaßen so ist, hat er mir in einem Gespräch erklärt.

Foto: privat

Stimmt es, dass das Jodeln seinen Ausgang auf den Almen gefunden hat?

Gunter Bakay: Ja, das gilt als gesichert, wenn man auch nicht genau weiß, wie und warum es entstanden ist. Vermutlich steht es im Zusammenhang mit dem Viehhüten. Die ursprünglichen Jodler waren wohl Lockrufe, die mehrfach wiederholt, vielleicht vom Bergesecho wiedergegeben, in die wohltönende kunstvolle Verlängerung gegangen sind. Die Thesen über das Entstehen des Jodelns sind vielfältig. Manche vermuten darin eine schneidige Kommunikationsform von Steilhang zu Steilhang oder ein magisches Beschwören von Berggeistern, andere wollen darin die Imitation eines überblasenen Instrumentes erkennen oder gar das „Bedürfnis, die Struktur der Landschaft im musikalischen Ausdruck wiederzugeben". Eine Berg- und Talfahrt also – theoretisch und musikalisch.

Hat man dabei schon gleich von „Jodeln" gesprochen?

Gunter Bakay: Warum auch immer die Almleute ihre Stimme erhoben haben – sie taten es zuerst unter den verschiedensten Synonymen: ludeln, dudeln, lurlen, almern, ruggussen, zaura und so fort. Man sprach auch von den „jubilis pastoralibus", den Jubelschreien der Hirten. Dass sie auch „jodelten", wird im Jahre 1796 erstmals schriftlich erwähnt und zwar im „Tyroler Wastel", einem Singspiel aus der Feder von Emmanuel Schikaneder, dem Librettisten von Mozarts Zauberflöte. In diesem vor allem in Wien und anderen Großstädten erfolgreichen Stück sind die Tiroler „often so lustig und froh" und verkaufen nicht nur ihre Bettstatt und schlafen im Stroh, sondern „jodeln und singen und thun sich brav um".

Die Tiroler haben demnach eine Art Patentrecht aufs Jodeln?

Gunter Bakay: Jodeln ist insgesamt ein alpines Phänomen, aber zumindest waren die Tiroler an seiner Kultivierung und Verbreitung wesentlich beteiligt. Viele Tiroler waren auf Grund der wirtschaftlichen Verhältnisse gezwungen, als Händler weit herumzureisen und ihre Waren auf Märkten feilzubieten. Die anderen Marktschreier haben geschrien, die Tiroler haben zum Gaudium aller gesungen und gejodelt. Dass sie dazu noch in ihrer heimischen Tracht auftraten, verschaffte ihnen große Aufmerksamkeit und hat dem Geschäft gewiss nicht geschadet. In der anbrechenden Romantik, als die Natur und das Individuum so hoch gepriesen wurden, hatten solche volkstümlichen Auftritte einen besonderen Reiz.

Haben Lautmalereien wie Hollaradio oder Hollaröhdulliöh eine bestimmte Bedeutung?

Gunter Bakay: Im Prinzip nicht, das Jodeln ist eine wortlose Kunst, eine Klangfolge, die auf einer Melodie basiert. Aber man kann

natürlich eine Übereinkunft treffen, was eine Klangfolge bedeutet, sodass man sich verständigen und Botschaften austauschen kann. Eine bestimmter Jodler bedeutet dann zum Beispiel: „Du kannst heute Abend zu mir kommen, der Bauer ist nicht da." Die Verständigung war aber nie der einzige Zweck des Jodelns. Das Kippen der Stimme bzw. der Überschlag entsteht automatisch beim lauten Rufen. Und weil lautes Rufen befreit, den ganzen Körper erfasst und auch der Psyche wohltut, hat man Vergnügen daran gefunden, die Laute zu kultivieren und kreativ abzuwandeln. In Tirol ist das Jodeln immer auch ein Ausdruck von Lebensfreude und Übermut gewesen. Irgendwann hat man begonnen, an bereits bestehende Volkslieder und Schnaderhüpfl Jodler anzuhängen, weil das beim Publikum gut ankam. Pioniere dieser jodelverzierten Lieder waren die Zillertaler Nationalsänger. Sie vermehrten den Ruhm des „almerischen Singens" in allen Großstädten Europas und sogar in den USA. Mit den Auftritten solcher Gruppen wurden auch die Musik und die Volkskultur zum Handelsgut. Die Vorläufer der heutigen Tiroler Abende entstanden um 1820, im Jahre 1828 wurde im amerikanischen Boston eine stimmungsvolle „Tyrolese Evening Hymn" gedruckt und im selben Jahr wurde auch die erste Tiroler Jodelanleitung notiert.
Auch heute noch benutzen wir das Jodeln als Aushängeschild. Es gibt ein Lied der Zillertaler Schürzenjäger, das heißt „Der Jodelautomat". So ein Jodelautomat wurde im Gedenkjahr 2009 von Nord- und Südtirolern als Attraktion nach Wien gebracht und am Rathausplatz aufgestellt. Er bestand aus mehreren Tirolerhüten, also breitkrempigen Schützenhüten, unter denen Kopfhörer angebracht waren. Damit konnte man die Dialekte der verschiedenen Tiroler Landesteile abhören, Jodler inbegriffen.

Und wieder haben wir das Klischee bedient …

Gunter Bakay: Auch wenn wir es nicht gern hören, unser authentischer Nationalcharakter ist das Klischee und das schließt natürlich auch die Alm mit ein. Wir erhalten unsere Kulturlandschaft vor allem deshalb, weil sie sich gut vermarkten lässt, auch unsere Almen haben wir mit dem entsprechenden Zierrat zum Verkaufsschlager gemacht. Eine Alm war früher eine rein funktionale Angelegenheit, ein vorwiegend um das Vieh zentrierter Arbeitsplatz. Mit aufkommendem Tourismus wurde die Alm dann aber vielfach zum Freizeit- und Erholungsraum, wo nicht mehr das Vieh, sondern der Mensch als Gast im Mittelpunkt steht. Funktionale, technisierte Almen, wie sie der modernen Arbeitswelt entsprechen, sind dabei weniger gefragt, romantische Bilder lassen sich besser verkaufen. Diese Bilder werden auch abseits der Alm erzeugt. So kommt es, dass Diskotheken einen almerischen Aufputz bekommen und zum Bei-

Fundus Gunter Bakay: Die Abbildung einer Alm auf Rädern in der satirischen Zeitschrift „Faun 16/413" aus dem Jahr 1925; Titel: „Ein Mittelstandsluftschloss aus dem Jahre 2000" (Zeichnung von Josef Danilowatz)

spiel „Kupferpfandl" heißen, oder ein Café im 13. Wiener Gemeindebezirk mehr oder weniger augenzwinkernd unter dem Namen „Tiroler Alm" reüssieren kann. Bereits im frühen 19. Jhdt. wurden die Schein-Idyllen entworfen, die unsere heutigen Touristenalmen noch immer gern vorzeigen. Und im Laufe der Zeit legten gewisse volkstümliche Akteure dann wirklich los: Wenn die Tiroler Sänger und Jodler ihre Auftritte hatten, benützten sie oft gemalte Kulissen mit romantischen Abbildungen einer Alm, sie ließen Holzhacker auftreten und zeigten vor, wie Almleute aus einer großen Pfanne Mus essen. Ein gut inszeniertes Theaterwesen, eine „Alm auf Rädern" sozusagen.

3. Juli
Walderalm, Gnadenwald

Vom Wechsel der Zeiten und von Kühen aus Holz

Ob ich auch zur Gatteralm will, fragt mich eine ältere Frau, die ich auf dem letzten Teil des Weges überhole. Zur Gatteralm? Eine Alm, die so heißt, gäbe es hier in der Gegend nicht, da habe sie sich wohl den falschen Weg ausgesucht, gebe ich zur Antwort. Die Frau lacht. Sie kommt aus Gnadenwald und war im Laufe ihres Lebens viel öfter als ich auf der Walderalm – obwohl diese eigentlich meine „Hausalm" ist, die meinem Wohnort am nächsten gelegene Lieblingsalm. „Wir nennen sie jetzt Gatteralm, weil man sie mit lauter Zäunen verschandelt hat", sagt die Frau. „Früher ist es da oben viel schöner gewesen, aber mittlerweile hat sich alles verändert, die modernen Zeiten eben. Heutzutage schmückt man die Almhütten mit Pelargonien, die Leute sind ja dumm, würden sie ihre Hütten mit Latschenbüscheln schmücken, würden ihnen die Kühe nicht immer die Blumen aus den Blumenkästen fressen, dann würde man auch die Zäune nicht brauchen."

Ich habe bis jetzt nicht gewusst, dass Kühe gern an Pelargonien knabbern, finde aber trotzdem die Blumen nicht unschicklich für eine Alm. Die Zäune, die man wegen der Kühe aufgestellt hat, sind einfache Holzzäune und stören mich ebenfalls nicht. Ich finde, die Frau urteilt zu streng über die modernen Zeiten. Die Blumen und die bunten Sonnenschirme verleihen dem kleinen Ensemble aus Holzblockbau-Almhütten mit kleinem Almgasthaus eine fröhliche Stimmung. Kaum dass man um die letzte Kurve biegt, freut man sich darauf, da drüben einzukehren, und beschleunigt den Schritt.

Wenn man den Weg von Gnadenwald herauf genommen hat, ist man jetzt ohnedies durstig und kann eine Rast gut gebrauchen, wenn man mit dem Auto über die Mautstraße zur Hinterhornalm gefahren ist und von dort den bequemen, nahezu eben verlaufenden ca. 25-minütigen Forstweg gegangen ist, hat man eigentlich keinen Grund für Müdigkeit, kehrt aber trotzdem gern ein. Ich bin schon in manchen Jahren in den ersten Frühlingstagen auf die Walderalm gekommen, da waren die Täler längst ausgeapert, aber hier oben lag ringsum noch Schnee, auf den Bänken saßen die ersten sonnenhungrigen Ausflügler und aßen vor der geschlossenen Hütte ihre mitgebrachte Jause. Hier herauf kommt man auch, wenn die Wirtschaft nicht offen hat, einfach des traumhaften Panoramas wegen.

Die erste Heumahd

Die feuchten Walderalmwiesen sind eine Augenweide mit ihren wechselnden Arrangements aus Butterblumen, Kuckucksnelken, Wollgras, Rotklee, Vergissmeinnicht, Margeriten und Eisenhut. Die Blütenpracht am Almanger hat aber bereits lange genug geblüht, es geht darum, das gute Futtergras einzubringen. Die drei Bauersfamilien, die hier Almwirtschaft betreiben, besorgen die erste Mahd und stellen Heuschober auf. Unter den Helfern ist auch Hans Strasser, der insgesamt schon 24 Sommer auf der Walderalm als Hirte und Melker verbracht hat. Früher, in seiner Jugend, unterstützte er seinen Vater und seit seiner Pensionierung hilft er seinem Neffen bei der Almarbeit. Hans Strasser aber hütet nicht nur Kühe, er schnitzt auch welche und das mit besonderem Geschick. Jemand hat ihm einmal eine geschnitzte Kuh geschenkt und Hans war so voll Bewunderung für dieses kleine Kunstwerk, dass er sich zu einem Schnitzkurs in Elbigenalp angemeldet hat und sich zudem von Zillertaler Schnitzern die wichtigsten Handgriffe beibringen ließ. Jetzt schnitzt er in jeder freien Minute Kühe, manchmal darf es auch ein Schaf oder ein Pferd sein. Manche Leute sind so versessen auf die Holztiere, dass sie sich einen ganzen Almabtrieb in die Stube stellen. Da soll dann natürlich keine Kuh wie die andere ausschauen, was eine besondere Herausforderung ist. „Aber aufbüscheln müssen die Käufer die Tiere schon selber", sagt Hans Strasser, „das Schmücken liegt mir nicht so." Und so stehen die Kühe dann auch da: schlicht und einfach aus hellem Zirbenholz gefertigt. Gefleckte sind da keine darunter, wie sie auf der Alm ringsum weiden.

Ungefähr 110 Stück Vieh, davon 80 Milchkühe, verbringen den Sommer auf der 200 Hektar großen Walderalm. Das Weidegebiet reicht vom flachen Bergrücken des Walderkamms bis zum Vomperbach in der Tiefe. Die Almleute sagen, die weite, ebene Fläche der Walderalm sei wie ein großer Tisch, aber wer über den Tischrand schaut, der lebt gefährlich. Das gilt insbesondere für die Kühe, weshalb auf der „Gatteralm" auch um die Weiden Zäune aufgestellt sind. Die größte Gefahr für Menschen und Tiere sind auf der Walderalm, die auf einem Joch

Die blühenden Frühsommerwiesen der Walderalm sind eine Pracht.

liegt, aber die Unwetter. Ein Großonkel von Hans Strasser wurde auf der Walderalm von einem Blitz erschlagen und es kommt immer wieder vor, dass eines der Tiere dieses Schicksal ereilt. Ansonsten wurde die Alm bisher weitgehend vor Unglück verschont und die Erinnerungen an die schönen, glücklichen Zeiten überwiegen.

Männer am Herd

Manchmal denkt Hans Strasser wehmütig an die Almsommer seiner Jugend. Damals waren die Almerer noch unter sich, heute kommen bei schönem Wetter zahlreiche Besucher – Wanderer und Mountainbiker – und kehren nebenan in der kleinen Gastwirtschaft ein. Da herrscht dann immer reger Trubel. So gern Hans Strasser auch Gesellschaft mag, manchmal wären ihm ruhigere Almtage lieber. Früher waren auf der Walderalm vier Melker und ein Putzer angestellt und die Männergesellschaft funktionierte prima. Die Männer wechselten sich beim Kochen ab – einfache, aber gute Gerichte – und ab und zu kamen Mädchen aus den umliegenden Dörfern zu Besuch. Da saß man abends zusammen, hielt einen gemütlichen Plausch und es wurde auch fröhlich gesungen. Heute fahren die Bauern und Helfer meistens nach getaner Arbeit hinunter ins Tal und setzen sich abends vor den Fernseher. So ändern sich die Zeiten, aber schön ist es auf der Walderalm noch immer, da sind sich Almerer und Kühe einig.

Die Schönheit dieser Alm begeisterte Naturfreunde lange bevor die Berge als Freizeit- und Fitnessarena entdeckt wurden. Auch Freiheitskämpfer haben sich hier Freiheiten herausgenommen. So heißt es in der Chronik der Gemeinde Gnadenwald: „Die Berge und Schluchten des Walderjoches bildeten auch den Schauplatz des jugend-stürmischen Wildererlebens Josef Speckbachers, wo er auf der väterlichen Alm schon als zwölfjähriger Knabe durch ein Schaf einen mächtigen Lämmergeier in eine schwere Falle lockte, allein überwältigte und fortschleppte, so sehr auch das grimmige Tier sich wehrte und mit Flügeln, Schnabel und Klauen ihn misshandelte. Ein andermal wagte er es, mit Schrot auf einen jungen Bären zu schießen, der sich dann in einer Falle fing. Später führte er die Büchse mit solcher Sicherheit, dass er gewettet haben soll, auf 50 Schritte einen Taler aus der Hand eines vertrauten Kameraden zu schießen oder eine Taube auf dem Dache an dem zu bezeichnenden Fuße zu treffen.“

Naturdenkmäler und Bodenschätze

Neben der herrlichen und ergiebigen Natur gab es in der Gegend noch weitere Schätze. Unterhalb der Walderalm gegen den Graben des Hasenbaches befand sich früher ein Steinbruch, aus dem man roten und schwarzen, von weißen Adern durchzogenen Marmor gewann. Der Altar des Hl. Johann von Nepomuk in der Haller Pfarrkirche ist zum Beispiel aus diesem Marmor gefertigt. Das begehrte Bleierz wiederum wurde ab Beginn des 15. Jahrhunderts vom Lafatscher Joch über das Vomperloch bis nach Schwaz transportiert, wo es für die Silbergewinnung benötigt wurde. Der „Arzboden“ östlich der Almhütten verweist noch auf diese Zeit. Am Südhang des Zunterkopfes wurde Braunstein gewonnen und der „Heinrichsbau“ auf dem Überschall förderte Blei, Zink- und Blenderze von 1276 bis 1490 und von 1844 bis 1848.

Kühe, selbstgemacht: Hans Strasser bei seiner Lieblingsbeschäftigung.

Bereits im Jahr 1856 standen laut Chronik auf der Walderalm neun Alphütten, wovon allerdings nur das alte Sennhaus bis heute Bestand hatte, das aus dem 16. Jahrhundert stammen soll. Die Kapelle „Maria Schutz“ auf der Walderalm wurde erst viel später gebaut. Sie wurde 1965–67 von Kriegsheimkehrern als Dank für ihr Überleben errichtet und kann mit einer geradezu „göttlichen“ Aussicht aufwarten: Wie ein sich ständig veränderndes Altarbild präsentiert sich der Blick durch das nördliche Fenster auf die grandiose Bergwelt des Karwendel.

Kein Wunder, dass es die Menschen immer wieder hier heraufzieht. „Im Frühjahr werden die Kühe und die Almerer unruhig“, so erzählt Hans Strasser, „dann wird es Zeit, dass sie auf die Alm kommen.“ Viele Kühe rennen dann auf der ersten Strecke so übermütig, dass sie den steilen Aufstieg kaum noch schaffen. Mittlerweile aber werden sie ohnedies in Anhängern auf die Alm chauffiert. Der Almabtrieb von der Walderalm allerdings wird noch ganz traditionell begangen, da sind Almerer und Tiere zu Fuß unterwegs – die Kühe schön geschmückt, wie es sich gehört. Stolz oder möglicherweise auch ein bisschen unwillig – je nach Laune und Temperament – schreiten sie bergab, den heimischen Höfen zu, und geben schöne Modelle ab für Hans Strassers geschnitzte Kühe.

Informationen

Lage: Die auf 1511 m Seehöhe gelegene Walderalm erreicht man vom Gnadenwalder Ortsteil St. Michael (Bushaltestelle beim Gasthaus Gunggl) zu Fuß oder mit dem Mountainbike auf dem breiten Almweg Nr. 6 oder mit dem Auto über die Mautstraße, die vom Alpenhotel Speckbacher Hof in zahlreichen Serpentinen 6 km lang zur Hinterhornalm führt. Von dort geht es auf einem breiten Forstweg mit nur geringer Steigung (11 Hm) hinüber zur Walderalm (ca. ½ Stunde Gehzeit).

Besonderheiten: Hans Strassers Schnitzwerke kann man direkt bei ihm erwerben. Er wohnt den Sommer über auf der Alm, im Haus neben der Jausenstation. Eine kleine Abordnung geschnitzter Kühe über der Tür zeigt den Weg.

Verpflegung: Auf der Jausenstation Walderalm gibt es frische Kuhmilch, aber auch andere Erfrischungsgetränke und eine großzügige Auswahl an guter Hausmannskost, wie man sie auf einer Jausenstation erwartet. Wer keine Kalorien zählt, kann sich ein formidables Schmalzbrot gönnen.

5. Juli
Schachenalm, Jochberg

Der Sound der Stille

Vor einigen Jahren ging ein Raunen über die Almenlandschaft rund um Jochberg und Kitzbühel. „Habt ihrs schon gehört? Auf der Schachenalm arbeitet eine junge Sennerin mit Dreadlocks!" Das war im Jahr 2001, als Petra Plieger bei Sepp Mayrl aus Reith bei Kitzbühel den Almdienst antrat. Dieser ist ein eingefleischter Biobauer, das heißt, er liefert bestes Bio-Rindfleisch an seine Kunden. Seine Frau Elke unterrichtet in der Montessori-Schule St. Johann die „Bio-Kinder", wie sie schmunzelnd sagt. Es war demnach nicht verwunderlich, dass die beiden eine alternativ denkende Almerin anstellten. Verwunderlich war schon eher, wie geschickt Petra ohne vorherige Almerfahrung die Aufgabe meisterte. Zwar ist die Schachenalm keine Melkalm, dennoch stehen täglich viele Pflichten an.

Mittlerweile muss Petra die Almarbeit nicht mehr allein bewältigen, sie hat ihre kleine Familie als Unterstützung. Denn auch Yoshi Hampl hörte von der außergewöhnlichen Almerin. Der talentierte

Musiker und Komponist mit Vorliebe fürs Almleben lernte damals gerade in der Kelchsau das Melken. Sein erster Aufstieg zur Schachenalm über den langen Forstweg, der keine überwältigenden Aussichten offeriert, ist ihm noch eindrücklich in Erinnerung: „Der Saukasergraben schaut genauso aus, wie er heißt. Aber oben, wo es ins alpine Gelände geht und die Wiesen und Almrosenfelder anfangen, da kann man sich zu Hause fühlen." Er fühlte sich schnell zu Hause und mittlerweile ist das engagierte Almteam komplettiert durch Sohn Samuel.

Seine Geburt im Jahr 2004 war ein aufregendes Ereignis, denn fast wäre Samuel in einer Haus- bzw. Hüttengeburt auf der Alm geboren worden. Yoshi und Petra sind davon überzeugt, dass sich die Höhenluft von der ersten Stunde an gut auf den Nachwuchs auswirkt. Bei Kälbergeburten hatten sie noch dazu beobachtet, dass vor allem Gewitter durch die Entladung von Energie bei Geburtsvorgängen förderlich sind. Vielleicht lag es daran, dass es in den besagten Stunden kein Gewitter gab, jedenfalls ließ sich das Baby zu lange Zeit und so entschieden sich Petra und Yoshi dann doch, ins Krankenhaus Kitzbühel zu fahren, um kein Risiko einzugehen. Aber nach drei Tagen waren sie schon wieder auf der Alm und freuten sich über die Besuche von Almleuten aus der Umgebung, die Geschenke für Samuel brachten. Es war ein Zeichen, dass man die ungewöhnliche Familie im Kreis der Alminger akzeptiert hatte.

Obwohl es die Arbeit erleichtert, bedauern Petra und Yoshi es manchmal, dass es mittlerweile auf der Schachenalm wie auch auf vielen anderen Almen kaum noch Kälbergeburten gibt. Die immer strenger werdenden Bestimmungen aus Brüssel geben vor, dass man die neugeborenen Tiere unverzüglich markieren muss, was in freier Natur nicht immer einfach ist. Vor allem bei Angus-Rindern, die ihre Neugeborenen verstecken, findet man die Kälber oft nicht sofort, oder die Mutterkuh hat etwas dagegen, wenn ihrem Kälbchen am Ohr herumgezwickt wird. Im Stall lässt sich das Markieren besser bewerkstelligen, deshalb wird der Stier jetzt später im Jahr zu den Kühen gebracht, sodass die Geburten in den Herbst fallen.

Bewegende Momente gibt es dennoch viele. Das Leben auf der Alm setzt Gefühle frei und das wiederum kommt der Kreativität zugute. Die Geräusche, Bilder und Ideen manifestieren sich bei Yoshi in musikalischen Kompositionen, sie kommen aber oft erst dann zutage, wenn er im Herbst mit seiner Familie wieder in die

Wohnung in Absam zurückkehrt. Auf der Alm gilt es ja zuerst einmal die andere Arbeit zu erledigen und bei ca. 90 Stück zu beaufsichtigenden Tieren ist das nicht wenig. 30 bis 40 Stück Angus-Rinder von Bauern aus dem Zillertal sind immer mit dabei. Yoshi mag sie, weil sie so unkompliziert in der Haltung sind: „Es sind sozusagen unsere genügsamen schwarzen Schafe, aber ohne den negativen Beigeschmack.“

Blick von der Terrasse der Almhütte auf den Saukasergraben.

Weltmusik und Kuhglockengeläute

Als Musiker hat Yoshi Hampl auf der Alm ganz besondere „Bilder im Ohr“. Daraus entsteht dann Weltmusik oder Jazz oder eine experimentelle Komposition, die oft den Weg rund um den Globus findet. Sogar in den USA und in England hat sich der gebürtige Innsbrucker eine feine kleine Fanbase aufgebaut. Yoshi, der auch als DJ arbeitet und sich selber als „Nischenmusiker“ bezeichnet, möchte sich musikalisch nicht festlegen oder einengen lassen und diese Offenheit kann man sich auf der Alm gut bewahren.

Was Yoshi hört, wenn er im Sommer mit Petra und Samuel auf die Schachenalm kommt, ist zuerst einmal eine Sinfonie der Stille. Er erklärt das so: „Betrachtet man das Leben als Musikstück, das sich stellenweise in lärmendem Sound entlädt, so ist das Leben auf der Alm wie eine Pause, in der die Musiker wieder Luft schöpfen können.“ Nach und nach, mit zunehmender Aufmerksamkeit, eröffnen sich die suggestiven Tonlagen almerischer Klänge: der Schrei eines Vogels, Hufgetrappel, ein ferner Traktor, das Ächzen des Windes im Gebälk der Almhütte. Das Geläut von Kuhglocken klingt in Yoshis Ohren manchmal wie indonesische Gamelanmusik. Er weiß, wovon er spricht, denn er hat südostasiatische Musik auf Reisen durch Südindien und Sumatra intensiv studiert.

Schön, diese Ruhe und Besonnenheit auf der Alm, Yoshi genießt sie sehr. Manchmal dreht die Natur jedoch den Lautstärkeregler auf, der Wind wird heftiger, Sturmböen brausen über die Alm hinweg und ein „Hochwetter“ bzw. Gewitter bricht mit lautem Grollen und Donnern herein. Dann kippt die harmonische, sanft plätschernde Klangabfolge schnell in existenzielle Tiefen. Aber das gehört dazu. Auf der Alm ist man sehr nah am Leben. Nein, das ist falsch ausgedrückt: Man lebt und spürt, dass man lebt, gerade auch dann, wenn es Grund gibt, sich zu fürchten und um sein Leben zu bangen. Und das tut man unwillkürlich, wenn der Blitz ganz in der Nähe in einen Felsen oder Baum einschlägt.

Gegen Angst hilft lautes Trommeln. Aber meistens trommeln Yoshi, Petra und Samuel einfach so zum Spaß. Abends, wenn die Arbeit getan ist, greifen sie zu ihren Percussion-Instrumenten. „Dann kann es auch passieren, dass wir ausgelassen herumtanzen und eine mitreißende Energie entsteht. Das gibt wieder Kraft für einen neuen Tag.“ Mitunter kann man Yoshi auch laut im Stall singen hören. Die Tiere mögen das, vielleicht sind sie musikalisch, auf jeden Fall spüren sie die positiven Schwingungen eines gut gelaunten Menschen. Ob sie für elektronische Musik genauso zugänglich sind, kann Yoshi nicht austesten, denn auf der Schachenalm gibt es keinen Strom, bloß eine Batterie, damit man das Handy aufladen kann, und einen kleinen Sonnenkollektor, der eben nur bei günstigem Wetter genügend Leistung bringt. Die Bassgitarre hat Yoshi trotzdem immer dabei. „Für die Fingerübungen, die ich zu Hause nicht so gern mache, aber auf der Alm ist das etwas anderes. Weil ich ohne Verstärker spiele, bekommen sie einen fast meditativen Charakter."

Die temperamentvollen Noriker genießen das Almleben.

Die Kuh- und Pferdeflüsterin

Es scheint, dass man auch beim Umgang mit Tieren ein feines Gehör braucht. Vor allem dann, wenn man sich mit ihnen unterhalten will. Und das tut Petra. Man merkt sofort, hier ist eine ganze besondere Tierliebhaberin bei der Arbeit, eine talentierte Kuhflüsterin. Mit Tieren sprechen kann jeder, man braucht bloß auf sie einzureden, doch Kommunikation entsteht erst durch Austausch. Den Film „Der Pferdeflüsterer" habe ich mir vor ungefähr zehn Jahren im Kino nicht wegen der Pferde, sondern wegen Robert Redford angeschaut. Die Geschichte basierte auf dem Buch von Monty Roberts „Shy boy – Gespräche mit einem Mustang." Der Film war langweilig, aber das Thema spannend:
Können sich Tiere tatsächlich über die üblichen Gesten der Zuneigung oder Aggression hinaus einem Menschen mitteilen? Und zwar auf telepathische Weise, wie von Tierkommunikatoren behauptet? „Ja sicher", meint Petra, „aber es braucht viel Übung dazu, sie zu verstehen."

Ich meinerseits habe von Kühen noch nie mehr gehört als ein kurzes oder langgezogenes Muhen – Vokabeln, deren Bedeutung ich nicht entschlüsseln kann. Ich brenne darauf, Petras Dolmetscherdienste in Anspruch zu nehmen. Wir stehen gerade mitten in einer Herde, also in fremdsprachigem Gebiet. Aber so einfach ist es natürlich nicht, Kühe zum Reden zu bringen. Sie sind am ehesten mitteilsam, wenn sie in Nöten sind, meistens wollen sie einfach ihre Ruhe haben und wie Yoshi den „Sound der Stille" genießen. Vielleicht gibt es aber doch ein Problemkind hier? Etwas abseits der Herde liegt die weiße Kuh „Schneewittchen" und sieht ein bisschen traurig aus. Bedrückt sie etwas? Aber Petra, die alle ihre Tiere kennt, muss nicht erst nachfragen um zu wissen, dass das nichts zu bedeuten hat. Schneewittchen ist ein bisschen exzentrisch und liegt gern etwas abseits.

Später zeigt Petra mir das Protokoll einer anderen erfahrenen Tierkommunikatorin, die ein „Therapie-Gespräch" mit einer schwierigen Schachenalm-Kuh geführt hat. Die Kuh war eigentlich recht zufrieden auf der Alm: „Ich habe es gut hier, habe viel gelernt und bringe nun anderen etwas bei." Auf die Frage, warum sie so ängstlich und schwierig sei, antwortete sie: „Zu nah mag ich die Menschen nicht an mich heranlassen, sie sind lieb, doch ich mag es nicht, fest angefasst zu werden. Das engt mich ein, dann nehme ich

Abstand." Am Schluss wünschte sich die Kuh noch etwas, woran sie und ihre Kolleginnen sich bequem den Rücken kratzen können. Ein verständlicher Wunsch, der umgehend erfüllt wurde.

Wer sich mit Tieren auskennt, liest aus ihrem Verhalten all das heraus. Empathie statt Telepathie, damit kann ich leben. Aber dann „erwähnte" die Kuh noch etwas. Nämlich das kaputte Bein des Bauern. „Hat er sich am Knie verletzt?", fragte die Tierkommunikatorin und Petra behauptet, davon habe die Frau nichts wissen können. Das sind jene spannenden Momente im Leben, wo die Rationalität mit dem magischen Denken ringt. Vielleicht funktioniert es ja doch? Meine Widerstände, daran zu glauben, sind ziemlich groß, die widerständische Kuh war nach dem Gespräch allerdings nicht mehr so störrisch, wie mir Petra versichert.

Kuhflüsterin Petra in anregender Unterhaltung mit ihren Kälbern und Kühen.

Ob man an solche Kommunikationspraktiken glaubt oder nicht, es ist ganz eindeutig, dass Petra etwas von Tieren versteht. Selbst die temperamentvollen Pferde, die mitten unter den Kuhherden auf der Schachenalm grasen, hat sie im Griff. Das freie Leben macht sie übermütig und manchmal auch ein bisschen angriffslustig, aber wenn Petra zur täglichen Visite kommt, werden sie zutraulich und ruhig und genießen es, von ihr gekrault zu werden. Petra spricht mit ihnen, wie sie auch mit den Kühen spricht – gleichzeitig sanft und überzeugend und natürlich mit jedem einzelnen von ihnen, damit keines der Tiere sich zu kurz gekommen fühlt.

Auf der Schachenalm gehört der behutsame Umgang mit Tieren zum Gesamtkonzept und zur Lebenseinstellung. Weil die entspannte Atmosphäre auch auf die Menschen übergreift und den Wunsch nach weiterem Kontakt entstehen lässt, verabschiede mich von der jungen Familie mit der Bitte, wieder etwas von sich hören zu lassen. Am 28. August erhalte ich von Yoshi folgendes Mail: Zwei Kälber wurden in diesem Sommer doch auf unserer Alm geboren, bei einem war ich als Hebammer tätig. Und ein gewaltiger Hagelschauer beendete Petras Sammeln. Alle Grangln und Schwarzbeeren vernichtet. Aber jetzt ist es hier oben fein warm ...

Informationen

Lage: Die Schachenalm auf 1440 m Seehöhe im hinteren Saukasergraben erreicht man von Jochberg (923 m) aus über einen Forstweg durch den Saukasergraben. Das Almgebiet reicht von 1350 bis 1900 m und ist im Winter ein beliebtes Skitourengebiet. Im Sommer lockt manche Mountainbikefahrer die Herausforderung des langen Forstweges durch den Saukasergraben, obwohl er ein Privatweg ist (ein Schranken verhindert die Zufahrt für PKWs) und eigentlich auch für Bikes Fahrverbot herrscht.

Besonderheiten: Wer sich für Yoshis besondere Musik interessiert: Seine anspruchsvollen Tonträger sind unter www.myspace.com/yoshihampl bestellbar.

Verpflegung: Es gibt auf der Schachenalm weder ein Gasthaus noch einen Ausschank, weshalb sich Wanderer nur selten dorthin verirren. Wenn doch, dann meistens deshalb, weil sie tatsächlich die Orientierung verloren haben.

7. Juli
Trojeralm, St. Jakob i. Defreggen

Von Fortgehern und Daheimgebliebenen

Im Osttiroler Schwarzachtal, das eigentlich Schwarzbachtal heißen müsste, weil der Schwarzbach durchfließt, der irgendwann fälschlicherweise als Schwarzach bezeichnet wurde, liegen aufgefädelt in herrlicher Landschaft nacheinander einige bemerkenswerte Almen: die Patscheralm, die Oberhausalm, die Paneigenalm, die Untere und Obere Seebachalm, die berühmte Jagdhausalm und am Talende, vor dem Übergang Klammljoch und Merbjoch, die Affentalalm. Das Affental wird meistens als Arvental bezeichnet, ebenso fälschlicherweise. Schuld daran war ein grundlegendes Missverständnis, das der aufkommende Tourismus, der sich gern schöner Namen bedient, bereitwillig aufgriff: Man meinte irgendwann, es müsse Arvental heißen, weil es im Defreggental keine Affen gibt. Arve heißt Zirbe und Zirben gibt es hier in großen Beständen.

Hätte man die Almbesitzer oder einen fachkundigen Einheimischen gefragt, wäre schnell klar geworden, dass das Affental aus gutem Grund seit Jahrhunderten so heißt, weil die jungen Murmeltiere Affen genannt werden und auch Murmeltiere gibt es hier viele. Bei Bezeichnungen und Namen wird eben oft geschlampt und das nicht nur von Pfarrern und Standesbeamten. Wenn hier vom Defreggental statt vom Defereggental die Rede und Schreibe ist, handelt es sich jedoch nicht um Schlamperei, sondern um die korrekte überlieferte Schreibweise. Sie ist allerdings auch den Defreggern kaum noch geläufig. Die offiziellen Stellen scheinen das eingeschobene e als eleganter zu empfinden, weshalb sie ungern darauf verzichten; Sprachforscher können jedoch nachweisen, dass es richtigerweise Defreggental heißen müsste.

Ganz korrekt ist das allerdings auch wieder nicht, denn das Gebiet heißt Defreggen und nicht Defreggental, es handelt sich nämlich nicht um ein Tal im engeren Sinn, sondern um eine Region mit vielen Seitentälern als Almgebiete. Hier nun also im Defreggen, in einer Kernzone des urtümlichen Osttirol, werden die Almen vorrangig von Südtirolern, insbesondere den angrenzenden Pusterern, bewirtschaftet. Na klar, könnte man sagen, da einige Almengebiete früher zu Südtirol gehörten, liegt das nahe. Nun, so nahe auch wieder nicht. Zwar gehörten zum Beispiel die Obere Seebachalm, die Jagdhausalm, die Affentalalm und die Stalleralm am Übergang Stallersattel zu Südtirol, aber die Patscheralm, die Oberhaus- und Paneigenalm und die Untere Seebachalm waren im Besitz der Defregger. Ebenso gehörte auch die wunderschön gelegene Trojeralm, zu der sich der Weg direkt vom Ortszentrum St. Jakob aus in Richtung Norden eröffnet, früher den Defreggern und ging im Laufe des 19. Jahrhunderts fast zur Gänze in den Besitz von Südtiroler Bauern über.

Erfolgreiche Handelsreisende

Feindliche Übernahmen? Keineswegs. Die Pusterer wären hinterm Bergrücken geblieben, hätten die Defregger genügend Arbeitskräfte und Zeit gehabt, sich um die Almen zu kümmern. Hatten sie aber nicht. Denn die Menschen aus dem inneren Defreggen betätigten sich schon sehr früh als erfolgreiche Hausierer und Handlungsreisende, wie mir mein Almbegleiter Viktor Ladstätter erzählt. Der gebürtige St. Jakober kennt sich bestens aus mit der Geschichte seiner Heimat und kämpft als Hobbysprachforscher auch für die korrekte Schreibweise der Namen. Aber das sei ein Kampf gegen Windmühlen, meint er, als wir entlang des Trojeralmbaches hinauf zur Alm gehen und eine hervorragend restaurierte Wassermühle ins Blickfeld rückt. Hier zeigt ein vom Tourismusverband engagierter Bauer während der Sommermonate einmal die Woche vor, wie das Korn aus den umliegenden Kornäckern – die es heute nicht mehr gibt –, zu Mehl gemahlen wurde.

Der erste Blick aufs idyllische Almdorf der Vorderen Trojeralm.

Geschäftstüchtig sind sie noch immer die Defregger, aber um die Erfolgsstory in ihrer wahren Dimension bewerten zu können, muss man im Ausland nachforschen. Über halb Europa verstreut finden sich die Nachfahren der ausgewanderten Decken-, Strohhüte- und Uhrenfabrikanten. Es begann bereits im 17. Jahrhundert mit allerlei bäuerlichen Gerätschaften und Anfang des 18. Jahrhunderts mit den Kotzn (Kotzn = Decken aus Ross-, Kuh-, Ziegen- oder Schafhaar), die sich die Defregger von den Pusterern in Heimarbeit anfertigen ließen und damit in ganz Europa Handel betrieben. Vor allem im Winter gingen sie in größeren Gruppen auf „Handelsschaft", wenn sie sich nicht zu Hause um ihre kleinstrukturierten Bauerngüter kümmern mussten. Sogar die russische Zarin kaufte ihnen ihre berühmten Decken ab.

Als die Nachfrage nach den Kotzn sank, stiegen sie auf Strohhüte um, die sie in Venetien herstellen ließen. Und als nach dem verlorenen Krieg 1866 Venetien von Österreich an Italien fiel, die Zölle stiegen und die Gewinnspanne für Strohhüte unrentabel wurde, eröffneten sie umgehend Hutfabriken in Slowenien und bald in vielen weiteren Teilen der Monarchie. Gleichzeitig handelten einige von ihnen mit Uhren, die sie im Schwarzwald in Einzelteilen erwarben, zusammenbauten und weiterverkauften, später vertrieben sie auch Schweizer Uhren. Die Hutfabriken sind heute fast gänzlich verschwunden, aber die Uhren- und Schmuckgeschäfte der Nachfahren der ausgewanderten Defregger florieren weiterhin in Italien und Österreich.

Viele Defreggerinnen wären wegen des Männermangels einsam geblieben, hätten nicht Südtiroler auf ihre Höfe eingeheiratet. Die Defregger Almen wiederum wären nach und nach verwildert, wären sie nicht an Südtiroler Bauern verkauft worden. Auf der Trojeralm, die nicht so berühmt ist wie die Seebach- und Jagdhausalmen, aber mindestens genauso schön, sind fast alle Bewirtschafter Pusterer. Der vorletzte Defregger verkaufte seinen Almanteil nach dem Ersten Weltkrieg. Nur ein St. Jakober behielt seinen Almanteil, obwohl seine Familie nach Wien aussiedelte, wo sie erfolgreich den Huthandel betrieb. Ein Nachkomme dieser Familie kümmert sich um die Erhaltung der sehenswerten alten Almgebäude seines Anteils auf der Trojeralm, die ansonsten dem Verfall preisgegeben wären.

Genauso kümmern sich die Pusterer um die Erhaltung der Gebäude ihrer Anteile. Das muss um der Gerechtigkeit willen erwähnt werden und auch deshalb, um niemanden hintanzustellen, denn die Menschen reagieren hier mitunter sensibler als anderswo auf Benachteiligung. Das liegt vor allem darin begründet, dass sich über die Jahrhunderte so unterschiedliche Charaktere zusammenraufen mussten: Obwohl viele „Foschtginer“ (Fortgeher) noch an ihrer Heimat hängen und viel für sie tun, herrscht zwischen ihnen und den Daheimgebliebenen eine Kluft, die nicht so leicht überbrückbar ist, ebenso wie zwischen den eingewanderten Pusterern und den Defreggern mancherorts noch ein gewisser Argwohn spürbar ist.

Weiter als das Auge reicht: Das Gebiet der Trojeralmen umfasst 2000 Hektar.

Die Tücke mit den Namen

Auf der Alm merkt man als unvoreingenommener Besucher davon allerdings nichts, die Idylle präsentiert sich in der kleinen Siedlung der Vorderen Trojeralm aus uralten Holzhütten perfekt. Die Bergmajestäten, die hier in der Außenzone des Nationalparks Hohe Tauern bereits an die Dreitausenderlinie heranreichen, thronen unangefochten über der Alm. Am Ufer des Trojeralmbaches werfen Fliegenfischer ihre Ruten aus und die gefangenen Forellen gleich wieder in den Bach zurück. Sport statt Mord, sozusagen. Auf der Hinteren Trojeralm grasen gefleckte als auch braune und graue Kühe friedlich nebeneinander, sogar ein Pferd mit seinem Fohlen findet sich unter der Schar. Auch die Murmeltiere scheinen in diesem Almengebiet weniger scheu als anderswo zu sein. Ein Junges traut sich aus seiner Höhle und beäugt neugierig uns Menschen. Nur der Hirte ist nirgends zu sehen, er ist gerade im Gelände unterwegs, um nach dem restlichen Vieh Ausschau zu halten.

Da die Trojeralm seit einigen Jahren keine Melkalm mehr ist und dort nur Jung- und Galtvieh weidet, kommt man mit einem einzigen Hirten aus, obwohl er ein kolossal großes Gelände zu beaufsichtigen hat: Flächenmäßig umfasst die Trojeralm 2000 Hektar, davon sind über 1000 Hektar als Weidefläche ausgewiesen. Die Alm wird mit ca. 160 Stück Vieh bestoßen, acht Besitzer bilden die Almgemeinschaft, die in diesem Gebiet auch eine Eigenjagd betreibt.

Frische Milch direkt von der Kuh bekommt man hier also mittlerweile keine mehr, aber ein kühles Bier auf der Jausenstation nahe der Vorderen Trojeralm ist auch nicht zu verachten. Der Wirt ist ein abstämmiger Südtiroler, das erkennt man schon am Namen, denn die Süd- und Osttirolstämmigkeiten lassen sich auch mittels Familiennamen auseinanderdividieren. Diese haben sich im Laufe der Zeit nicht verändert, was sehr praktisch ist, denn so wissen die Ortsansässigen gleich, ob von Pusterern oder Defreggern die Rede ist und wem im Zweifelsfall die Sympathien gelten: Passler, Großgasteiger, Innerhofer, Außerhofer, Niederwolfsgru-

Sport statt Mord: Fliegenfischen am Trojeralmbach.

ber, Hauser, Scheiber und Zingerle (so heißt der Wirt der Jausenstation) sind südtirolstämmig. Typische St. Jakober Namen wiederum sind Erlsbacher, Ladstätter, Troger, Leitner, Gasser, Unterkircher, Obkircher, Kleinlercher, Tegischer und Jesacher. So heißen auch die verschiedenen Weiler der fünf Rotten der Gemeinde St. Jakob. Wobei wir, nebenbei bemerkt, bei einer weiteren Namensspezialität der Gemeinde St. Jakob wären, denn hier gibt es tatsächlich noch die Bezeichnung „Rotten" für die ursprünglichen alten Siedlungsformen.

Und was ist mit den Trojers, nach denen der Weiler Trojen und die Trojeralm benannt sind? Sie stammen aus Osttirol, allerdings erzählt mir Viktor Ladstätter, dass es in St. Jakob seit ca. 100 Jahren keinen Haus- und Familiennamen Trojer mehr gibt, sie sind wohl alle ausgewandert. Das erinnert auch uns schließlich an den nötigen Aufbruch.

Am Trojeralmbach entlang, der oft fälschlicherweise als Trojerbach bezeichnet wird, wandern wir wieder talwärts. Am Ufer der Schwarzach, ein munteres Flüsschen, das richtigerweise Schwarzbach heißen müsste, weil es im Defreggen eigentlich keine Flüsse und Achen gibt, sondern nur Bäche, verabschiede ich mich von Viktor Ladstätter, der mir so viel interessante Details über seine Heimatregion erzählt hat. „Und dass du mir ja nicht Defereggental schreibst!", ruft er mir schmunzelnd nach.

Informationen

Lage: Die insgesamt 2000 ha großen Trojeralmen liegen in der Außenzone des Nationalparks Hohe Tauern, die Vordere Trojeralm auf 1815 m Seehöhe, die Hintere Trojeralm nur etwas höher auf 2001 m. Man gelangt zu ihnen über einen schönen Bergsteig oder über die Forststraße entlang des Trojeralmbaches direkt vom Ortszentrum St. Jakob i. Defreggen aus.

Besonderheiten: Viele Wandermöglichkeiten, u.a. am Fuß des „Weißen Beil", des Hausbergs von St. Jakob. Ein herrlicher, aber konditionell fordernder Rundwanderweg erschließt sich über die Trojeralmen – Neue Reichenberger Hütte – Durfeldalm – Knappengrube und wieder retour nach St. Jakob. Man geht dabei ca. 8 Stunden. Der Weg von St. Jakob auf die Vordere Trojeralm nimmt ca. 1 ½ Stunden in Anspruch, ½ Stunde ist man dann nochmals bis zur Hinteren Trojeralm unterwegs. Auch der als Lehrpfad gestaltete „Blumenweg", der ca. auf der Hälfte des Weges zur Trojeralm abzweigt, ist mit seinen Schätzen an seltenen Alpenblumen empfehlenswert.

Verpflegung: Nahe der Vorderen Trojeralm gibt es eine gemütliche Jausenstation, betrieben von einem südtirolstämmigen Wirt.

Kleine Kulturgeschichte der Kuh

Auf Almen und Bergen sieht man weit – oft bis über die Grenzen. In der Schweiz habe ich einen Experten für Kühe ausfindig gemacht. Es gibt auch hierzulande genügend Experten, aber warum sollte nicht einmal jemand zu Wort kommen, der nicht von hierzulande ist, noch dazu, wenn er so viel Interessantes zu erzählen hat. Martin Ott ist ein Schweizer Meisterlandwirt, biodynamischer Bauer, Liedermacher und Sozialtherapeut. Er bewirtschaftet mit befreundeten Familien, Lehrlingen, Praktikantinnen und mit geistig oder psychisch behinderten Menschen den größten Biobetrieb der Schweiz in Rheinau (Kanton Zürich) mit Schweinen, Schafen, Pferden, Gänsen, Hühnern, Bienen, ca. 65 Milchkühen und 30 Rindern.

Foto: privat

Viele Menschen sehen Kühe als bloße Milch- und Fleischlieferanten, manche Kinder in Großstädten wissen oft nicht einmal mehr, dass die Milch von der Kuh kommt. Auch benützen wir gern das Schimpfwort „dumme Kuh". Bringen wir der Kuh zu wenig Wertschätzung entgegen?

Martin Ott: Alle seit Jahrtausenden domestizierten Haustiere sind eng mit den Menschen und ihrer Entwicklung verbunden. Jedes dieser Haustiere hat wichtige Kulturimpulse und Fortschritte ermöglicht. Die Entwicklung eines Transportsystems wäre ohne das Pferd unvorstellbar. Die kulturelle Leistung der Kuh ist es, dass der Mensch mit ihrer Domestizierung die Sesshaftigkeit entwickeln konnte. Nur die Kuh kann auf demselben Stück Land über Jahre fressen und – Entschuldigung! – scheißen, und der Boden wird unter ihr von Jahr zu Jahr besser und nachhaltig fruchtbarer. Darum ist die Kuh das Tier des „da Bleibens wo man ist" und „des Zufriedenseins mit dem was man hat" mit all seinen positiven und negativen Seiten. Bei den Indern wird die Kuh bis heute als heiliges Wesen verehrt. Das kann man verstehen, wenn man die indische Kultur kennt, sie geht davon aus, dass der Mensch auf der Erde nur vorübergehend Gast ist. Alles Irdische ist „Maya", das heißt Täuschung. Von diesem Blickwinkel aus muss die Harmonie und Zufriedenheit der Kuh mit dem Irdischen als unvorstellbar, ja göttlich, erlebt werden.

Was können wir von Kühen lernen?

Martin Ott: Die Kuh bringt den Menschen, die sich wirtschaftlich und kulturell auf sie einlassen, Gleichmaß ins Leben. Wenn sie ihr Leben um die Versorgung von Kühen gestalten, erleben sie die Kuh wie ein heilsames Metronom für eine rhythmische Gestaltung ihres Alltags. Die Kuh kann auch therapeutisch eingesetzt werden, um Menschen zu helfen, die zivilisatorische Verwirrung oder dauernde Störung ihres Tagesablaufes ins Gleichgewicht zu bringen. Ich sage oft in Vorträgen, dass wir in hundert Jahren in jedem Schulhaus eine Kuh haben werden, da wir die Kinder ohne Kühe gar nicht mehr in einen organischen Rhythmus hineinbringen.

Was hat es mit dem Wiederkäuen auf sich?

Martin Ott: Eine Kuh frisst rund acht Stunden am Tag. Zusätzlich kaut sie das Gefressene täglich acht Stunden lang. Wird das Wiederkäuen aus irgendeinem Grund verunmöglicht, platzt die Kuh an der Gärung der riesigen Futtermenge innerhalb weniger Stunden. Sie frisst täglich rund ein Viertel bis ein Drittel ihres Körpergewichtes. Diese Mengen kann sie nur verdauen, indem sie die stärksten Lebensvorgänge einsetzt, die es gibt, und das ist die rhythmische Verlebendigung der ständig gärenden Substanz. Zugleich macht die Kuh dies in einer meditativen, genießerischen

Art. Eine französische Feinschmeckerin ist sie nicht beim Fressen, sondern beim Verdauen. Aus dieser intensiven seelischen und rhythmischen Arbeit entsteht das Wunder des Gleichgewichtes ihrer Verdauung.

Die Kuh hat durch diese Vorgänge so viel Leben in sich, dass sie durch extreme Züchtung eine Milchmenge geben kann, die für 40 Kälber reichen würde. 20.000 Kilo pro Jahr sind heute möglich. Den Samen des Stieres kann man bis zu 200 mal verdünnen und damit 200 Kühe besamen. Diese Leistungssteigerung findet man nicht bei Pferden und nicht bei Schweinen. Es wird uns heute aber zunehmend bewusst, dass wir die Kuh durch die Förderung dieser Leistung auslaugen und das auch noch über Generationen hinweg. Das Durchschnittsalter unserer europäischen Milchkühe ist in den letzten Jahrzehnten bedrohlich gesunken, wir züchten heute die Wegwerfkuh – eine Schande!

Kühe sind Herdentiere und in der Herde herrschen Hierarchien. Wie funktionieren diese Hierarchien und wie muss der Bauer darauf Rücksicht nehmen?

Martin Ott: In jeder Herde herrschen zwei ordnende Tendenzen vor, erstens eine Binnendifferenzierung durch das Bilden von Familien und Sippen, dies hält die Herden zusammen. Und zweitens eine Hierarchisierung durch die Rangordnungen, dies treibt die Herden eher auseinander. In einer Milchviehherde haben wir keine verwandtschaftlichen Beziehungen mehr, weil es ja der Landwirt ist, der täglich als ewig hungriges „Kalb" an seinen Kühen saugt und nicht mehr die Kälber selbst. So ist nur noch die Rangordnung als ordnendes Element vorhanden.
Das integrierende Element der Verwandtschaften muss der Landwirt kompensieren. In allen alten Bildern von Milchkuhherden sieht man vor der Herde die Bauernkinder, hinter der Herde den Großvater, der Bauer selbst aber ist mitten in der Herde. Dort ist er zur Beruhigung und als ordnendes Element nötig. Diese Rolle müssen viele junge Landwirte und Hirten heute bewusst lernen, sie sind nicht mehr damit aufgewachsen. Es ist aber einer der glücklichsten Momente in einem Hirtenleben, wenn man spürt, wie man von den Kühen akzeptiert und gebraucht wird, um das psychische Gleichgewicht im Kollektiv wieder herzustellen.

Gibt es in einer Kuhherde viel Hierarchiegerangel?

Martin Ott: Es gibt eine Hierarchie, oder besser ein Netz, das sich laufend ändern kann. Bei unserer Herde beobachte ich mindestens drei Hierarchieebenen. Wenn ich ein Weidentor aufmache, dann stehen die stärksten Kühe nebeneinander am Tor; sie schauen mich an, empfangen mich und wollen nach Hause. Hinter ihnen steht die restliche Herde, aber die Star-

Foto: Philipp Rohner

ken kümmern sich nicht darum, es ist ihnen egal, was hinter ihnen passiert. Dann folgt der große Ring der Zweitklassierten, sie warten angespannt und passen auf, dass ihnen keine andere Kuh zu nahe kommt oder sich vordrängt. Dort gibt es manchmal Raufereien; das ist der schwierigste Teil der Herde. Der letzte Ring, das sind die ganz unten. Die schauen in die entgegengesetzte Richtung auf die Wiese hinaus und tun so, als merkten sie nicht, dass es bald nach Hause geht. Sie haben keine Probleme im Hierarchiegerangel, sie haben sich mit ihrer Situation arrangiert.

Verändern sich die Hierarchiekämpfe durch eine bestimmte Haltung – z.B. durch das Wegbrennen der Hörner?

Martin Ott: Die Kuh trägt mit den Hörnern einen Respektsraum vor sich her. In einem Abstand von rund vier Metern hält jede andere Kuh vor diesem Respektsraum an und fragt mit Gesten und Bewegungen um Erlaubnis, ob sie näher kommen darf. Die Kühe sprechen ununterbrochen durch ihre Bewegungen und Gesten zueinander, nichts ist zufällig. Diese Sprache wird durch die Entfernung der Hörner gestört und reduziert. Dadurch kann man zwar die Distanz zwischen Kühen verringern und Kosten sparen, um sie enger einzusperren, man nimmt aber dem einzelnen Kuhwesen einen Teil seiner Ausdrucksfähigkeit weg, vergleichbar einer Verletzung oder Entfernung der Zunge beim Menschen.

Haben Sie eine Lieblingskuh? Wenn ja, was zeichnet sie aus?

Martin Ott: Ich bemühe mich sehr, alle meine Kühe zu lieben. Weil ich ja von ihnen als Kalb adoptiert bin, ist es aber vor allem umgekehrt, sie alle lieben mich.

Foto: Philipp Rohner

Beziehungen bauen sich auch durch gemeinsame Erlebnisse auf. Krankheiten zum Beispiel, die man zusammen durchgestanden hat, können eine starke emotionale Verbindung schaffen. Es ist ein bisschen wie bei den Beziehungen zwischen Menschen: Man verliebt sich in die weibliche Jugendlichkeit einer Jungkuh, eine richtige Beziehung ist aber erst durch gemeinsame Erlebnisse möglich. Je älter und würdevoller eine Kuh wird, desto lieber hat man sie, weil sie durch das Alter und die Erfahrung immer mehr zu einer Persönlichkeit wird, insofern sie ein Leben führen kann, das nicht nur von Dumpfheit und wirtschaftlicher Ausnützung geprägt ist.

Die meisten Kühe werden künstlich besamt und dürfen nicht mehr die Bekanntschaft eines Stiers machen. Bringt ein Stier trotzdem Vorteile für die Herde?

Martin Ott: Leider wird der Stier oft auf die Abgabe des Samens reduziert. Wenn man eine Herde beobachtet und einen Stier über Jahre in der Herde belässt, übernimmt er aber sehr wichtige und überraschende Aufgaben. Er duldet vor allem keine Unruhe durch Rangkämpfe. Wenn jemand kämpft, dann er. Ist er einmal zuoberst in der Hierarchie, dann hat er eine sehr beruhigende Wirkung auf das Herdengefüge. Da er nicht so viel fressen muss wie die Kühe, hat er mehr Zeit für das bewusste soziale Leben. So kann er zum Beispiel eine Kuh, die frisch gekalbt hat und noch Nachgeburtsreste ausscheidet, immer ein wenig vor sich hertreiben, um die Rückbildung der Gebärmutter zu beschleunigen. Der Stier muss aber auch in seine Rolle hineinwachsen und jahrelang Erfahrungen sammeln, um seine Rolle immer besser spielen zu können. Leider dürfen nur wenige Milch-

Foto: Philipp Rohner

kühe mit einem älteren, ehrwürdigen, erfahrenen und gebildeten Stier zusammenleben, weil es den Landwirten zu gefährlich ist, einen Stier zu halten. Es ist vor allem dann gefährlich, wenn man die Gebärdensprache der Stiere nicht versteht und keinen Stall hat, wo der Stier stressfrei mit der Herde zusammenleben kann.

Man unterstellt den Kühen, wegen des Ausstoßes von Methangas mitverantwortlich für Erderwärmung und Treibhauseffekt zu sein. Ist dieses Argument ernst zu nehmen?

Martin Ott: Dieser Vorwurf gilt nur für Kühe, die zu Leistungen getrieben werden, die nicht ihrer Verdauungsart entsprechen. Die Kuh wird heute mit Palmfett, mit Soja, also mit Kraftfutter, das aus der ganzen Welt hergekarrt wird, gefüttert. Als ob sie den Magen eines Schweines hätte. Die Kuh ist aber ohne langfristigen Schaden nicht in der Lage, leicht verdauliche Kohlenhydrate zu verdauen, sie ist seit Jahrtausenden gebaut, um Raufutter – also Kohlenhydrate auf dem Weg zur Zellulose – zu verwerten und das direkt aus ihrer Umgebung. Wird sie gefüttert wie ein Schwein, ist das ein sozial und tierethisch bedenkliches Handeln gegenüber der Kuh selbst, ein wirtschaftlicher Unsinn, es ist ein Frevel gegenüber der Ökologie, weil die Transporte der Futtermittel die Umwelt verpesten, und es ist eine Ungerechtigkeit gegenüber der zweiten und dritten Welt, weil die Sojaflächen und Palmfettkulturen in Brasilien und anderswo nicht nur den Regenwäldern gestohlen, sondern auch den Kleinbauern dort weggenommen werden. Schlussendlich stößt so eine Kuh aus ihrer überforderten Verdauung Gase aus, die das Klima belasten. Was kann denn da die Kuh dafür?

9. Juli
Burgeralm, Rettenschöss

Die Kuh, das unbekannte Wesen

Martha Fahringer, Wirtin und Sennerin auf der Burgeralm von Rettenschöss, wundert sich immer wieder, wie wenig manche Leute über die Natur wissen. Wieso eine Kuh Milch gibt? Schwierige Frage. Auch aufgeklärte Ratefüchse geraten da manchmal in Verlegenheit. Na ja, vielleicht hat es ja doch etwas mit den Kälbern zu tun. Und wie kommen diese auf die Welt? Behaart oder nackt wie junge Mäuse? Und warum haben die einen Kühe Hörner und die anderen nicht? Die Kuh – das unbekannte Wesen, selbst bei der einheimischen Bevölkerung.

Zum Glück ist die Burgeralm eine deklarierte Erlebnisalm, wo man nicht nur etwas erleben, sondern auch viel lernen kann, denn hier werden regelmäßig Exkursionen für interessierte Gästegruppen und Schulen angeboten. Martha musste dazu einen Almführerkurs absolvieren, aber sie ist ohnedies ein sehr kommunikativer Mensch und erzählt mit so großem Vergnügen über ihre Arbeit, dass bei manchem coolen Stadtkind der Wunsch aufkeimt, später einmal Bauer oder Bäuerin zu werden.

Auch Erwachsene finden auf der Burgeralm wieder zu kindlicher Begeisterung zurück, wenn sie bei den geführten Rundgängen in ihren Becherlupen einen Grashüpfer gefangen haben und ihn unter dem Vergrößerungsglas betrachten. Auch ein kleines grünes Blatt von der Wiese genügt oft schon, jemanden zum Staunen zu bringen. Wieso wachsen da Haare drauf? „Wegen der größeren Widerstandsfähigkeit im rauen Gebirgsklima", kennt Martha die Erklärung. Wo die Leute früher nur Gras gesehen haben, sehen sie jetzt viele kleine Naturwunder.

Kühe haben übrigens alle Hörner, aber das kann mitunter ungemütlich für die anderen Kühe oder den Hirten werden, deshalb werden die kleinen Hornansätze bei den Kälbern unter Betäubung herausgebrannt. Auf der Burgeralm rennt allerdings doch eine mit Hörnern herum. Die hatte als Kalb so winzige Hornansätze, dass es danach aussah, als würde sie gar keine Hörner bekommen. Sie wurde dann auf die Weide geschickt und ließ dann schnell die Natur zu ihrem Recht kommen. Jetzt ist sie als einzige in der Herde stolze Besitzerin von Hörnern, aber trotzdem recht gutmütig.

Kühe als Herdentiere haben eine ausgeprägte Rangordnung. Um das zu zeigen, spielt Martha mit ihren Exkursionsteilnehmern auch gern blinde Kuh. Da geht ein Kind – oder ein Erwachsener, der gerade das Kind in sich entdeckt hat – voraus. Das ist sozusagen die Leitkuh mit der Glocke, die findet immer nach Hause, auch in dichtem Nebel. Die anderen hängen sich hinten an und müssen der Leitkuh vertrauen, denn sie haben die Augen verbunden. Martha hat bei solchen Spielen genauso viel Spaß wie ihre Gäste. „Das Almleben wirkt wie eine Therapie", sagt sie, „und manchmal genügt schon ein Tag, um Probleme in die richtige Relation zu bringen. Wer hier oben nicht achtsam mit der Natur umgeht, weil er ihre Schönheiten nicht sieht und ihren Wert nicht erkennt, der bleibt Zeit seines Lebens eine blinde Kuh."

Vom Schwein zum Speck

„Unsere Tiere dienen unserer Ernährung, gerade deshalb müssen wir ihnen Achtung entgegenbringen und sie gut behandeln", bestätigt ihr Mann, Anton Fahringer. Martha und Anton rufen alle ihre Kühe mit

Namen und kennen ihren Charakter. Der Gast aus dem nahe gelegenen Bayern freut sich, als Anton ihm „Kaffee mit Milch von der Kuh Elsa" serviert. Ein bisschen Schmäh muss sein auf einer Alm, aber hinterm Haus weidet sie tatsächlich, die Kuh Elsa mit ihren 30 Artgenossinnen, und schlägt sich den Magen (oder besser: die Mägen) voll mit zartem Almgras. Wie das Gras, so der Kas, könnte man sagen, denn die Ernährung der Kuh bestimmt die Qualität der Milch und die Qualität der Milch bestimmt die Qualität des Käses.

Was krabbelt da Grünes
in der Becherlupe?

Es ist auch wirtschaftlich wichtig, die Tiere ständig unter Beobachtung zu haben. Kränkelt eine Kuh, lässt sofort die Qualität ihrer Milch nach. Auch das Wetter hat einen wichtigen Einfluss. Der Sommer soll nicht zu heiß oder zu nass sein. Bei Hitze schwitzen die Kühe zu viel, bei Nässe haften an den Gräsern Sporenbakterien, die über die Futteraufnahme in die Milch gelangen. Wenn die Vorbedingungen passen und der Käser oder die Käserin bei Herstellung und Lagerung dann noch alles richtig macht, ergibt das – wie im Fall der Burgeralm – vorzüglichen, vielfach medaillenprämierten Bio-Käse.

„Wenn man auf die Natur hört und einen gesunden Hausverstand hat, ist Bio trotz der strengen Auflagen die einfachste Art, Land- und Almwirtschaft zu betreiben", meint Anton Fahringer. „Bei bestimmten Anschaffungen wie zum Beispiel Zusatzfutter muss man zwar tiefer in den Geldbeutel greifen als bei einer herkömmlichen Produktion, aber es zahlt sich aus, schon allein wegen des unverfälschten Geschmacks."

Insgesamt ca. 45.000 Liter Rohmilch verarbeiten Anton und Martha Fahringer pro Almsaison zu Schnittkäse, Frischkäse, Bergkäse und zum beliebten Tiroler Adler Gold, einem camembertähnlichen Käse, weiters zu Joghurt und Sauerrahmbutter. Die bei der Käseherstellung anfallende Molke wird direkt an die rund 20 Schweine verfüttert, die hier zu prächtigen Almschweinen gedeihen und irgendwann köstlichen Almspeck ergeben. Arme Schweine? Keineswegs. Glückliche Schweine, die den Sommer über vergnüglich grunzen und nichts von ihrer Bestimmung wissen. Ebenso wenig wie der Hasenbraten, der quicklebendig ums Haus hoppelt, die Löffel aufstellt und sich von Kindern streicheln lässt. Im Herbst landet er im Topf und wenn sich der Deckel dann schließt, hat er trotzdem ein schönes Leben gehabt. Auch einen schönen Tod – einmal kurz mit den Ohren gewackelt und gezuckt, das wars dann schon.

Die Kühe und Schweine werden von der Alm zum Metzger ins Tal geführt, aber das macht ihnen keine Angst, denn mit dem Viehhänger sind sie schon oft gefahren. Entweder gings damit hinauf auf die Alm oder hinunter zum heimischen Hof, manchmal auch zum Stier. Diese sensible Vorgangsweise bei der Schlachtung bringt auch dem Konsumenten Vorteile, denn geraten die Tiere in Angststress, beeinträchtigt das die Fleischqualität.

Martha und Anton Fahringer verkaufen ihre hochwertigen Produkte das Jahr über ab Hof und auf Bauernmärkten, sommers natürlich auch auf ihrer Alm. Sie haben sich dort eine hübsche Almhütte mit gemütlicher Stube für den Verkauf eingerichtet. Bei schönem Wetter sitzt man draußen auf der Sonnenterrasse, isst entweder eine Käse- oder Speckplatte oder eine ausgezogene „Nudel" mit Staubzucker und Preiselbeermarmelade.

Allein schon des hervorragenden Käses wegen und der anderen bäuerlichen Bio-Spezialitäten wie Kaminwurzn und Speck rentiert sich der Weg auf die Burgeralm, die im hintersten Winkel Tirols liegt. Aber da es sich um den Kaiserwinkl handelt, erwartet einen hier kein düsteres Ausgedinge, sondern eine herrlich gelegene Alm inmitten sanfter Grasberge mit Ausblick auf den Zahmen und den Wilden Kaiser, auf die Kitzbüheler Alpen sowie auf die Hohen und Niederen Tauern.

Auch wenn es auf der Alm angeblich keine Sünd' gibt, hier herauf mit dem Auto zu fahren, kommt einer solchen gleich, weshalb es nur rechtens ist, dass man auf dem Mautweg für die letzten Kilometer zur Alm fünf Euro Ablass in einen Automaten werfen muss. Am besten nicht aussteigen, denn der Schranken schließt rasch – kaum, dass er sich geöffnet hat, und wenn man zu umständlich agiert, muss man nochmals fünf Euro nachwerfen. Das wäre an Bußgeld dann doch zu viel.

Informationen

Lage: Die Burgeralm liegt auf 1330 m Seehöhe im Gemeindegebiet von Rettenschöss (Wandberg). Von Rettenschöss geht es ca. 10 km hinauf zur Burgeralm. Man parkt das Auto am besten beim großen Parkplatz, bevor die Mautstraße anfängt. Dann spart man sich fünf Euro und hat einen schönen Fußweg über Feistenau vor sich (ca. 1 ½ Stunden). Oder man nimmt den romantischen Weg von Walchsee: Fußballplatz Walchsee – Wasserfallweg – Wandberg – Burgeralm.

Besonderheiten: Ausgewiesene Tiroler Erlebnisalm mit regelmäßigen Exkursionen. Viele Möglichkeiten für schöne Rundwanderungen, zum Beispiel ins Bayrische über den Geigelstein. Auf der Burgeralm kann man im Sommer übernachten (Zimmer mit Frühstück); im Winter kann man die zwei Hütten als Selbstversorgerhütten mieten.

Verpflegung: Köstliche, auf der Alm und am Bauernhof erzeugte Bio-Spezialitäten, wie Käse, Wurst, Kaminwurzn, Speck, ausgezogene „Nudeln“. Verkaufsladen und gemütliche Jausenstation auf der Alm.

Auf der Burgeralm genießen auch die Kühe die Aussicht.

11. Juli
Oberrainsalm, Obernberg

Besuch beim Töchterler Luis

Das Obernberger Tal, ein Seitental des Wipptales nahe dem Brennerpass, ist eines der ursprünglichsten Täler Tirols. Möglicherweise ist es dem rauen Klima zu verdanken, dass sich hier neben den schönen alten Bauernhäusern keine unansehnlichen Hotelriesen angesiedelt haben. Dreiviertel des Jahres Winter und der Rest des Jahres kalt, so lästern die Einheimischen, obwohl sie ihr Obernberger Tal lieben. Gegen die Kälte lässt sich ja schließlich etwas machen – den Kachelofen anheizen und sich gemütlich in der Stube einkuscheln zum Beispiel. Oder viel arbeiten in Haus und Stall. Manchmal hilft auch eine herzerwärmende Beziehung gegen die kalte Zeit. Der Töchterler Luis zum Beispiel hat sich auf seine alten Tage noch eine nette Freundin zugelegt. Jetzt besucht ihn seine Roswitha schon etliche Jahre auf der Oberrainsalm im Almengebiet von Padrins und hilft bei allem, was an Tätigkeiten in Haus und Stall so anfällt.

Und das ist nicht wenig. Denn bei aller Arbeit mit dem Bauernhof drunten im Tal und der Almarbeit ist dem Töchterler Luis die Ordnung ein bisschen durcheinander geraten. Zu seiner kleinen Stube in der holzschindelgedeckten Almhütte kämpft man sich durch ein dichtes Gewusel aus diversen Gerätschaften. Gerümpel, ist man im ersten Moment versucht zu glauben, aber es handelt sich natürlich um brauchbare Utensilien, denn Überflüssiges sucht man auf dieser einfachen Alm vergebens. Und der Hausherr findet sich durchaus zurecht, denn er weiß, in welchen Winkeln er seine wichtigsten Habseligkeiten findet. Manche dieser Habseligkeiten tragen zur Almseligkeit bei. Seine steirische Harmonika zum Beispiel. Der Töchterler Luis war ein bekannter Musikant in Obernberg und hat 33 Jahre lang die örtliche Blasmusikkapelle als Kapellmeister geleitet. Jeder im Tal kennt ihn und mittlerweile kennt man ihn schon fast im ganzen Land, denn es gibt ein Filmporträt über ihn, das in vielen Tiroler Orten gezeigt wurde. Die Filmleute wollten eigentlich nur einen kurzen Beitrag über die Oberrainsalm drehen und waren dann so begeistert vom Luis, dass sie ihn mit der Kamera rund ums Jahr bei der Arbeit beobachtet haben.

Almerischer Eigenproduktionslandler

Der Luis mit seinem spitzbübischen Lachen und seiner Bescheidenheit hat etwas Gewinnendes, darum ist auch Roswitha seinem Charme erlegen. Aus einem Besuch wurde eine harmonische Partnerschaft. Die gebürtige Berlinerin, die schon als junge Frau nach Tirol kam, weiß eben, wo es schön ist. Sie hatte früher ein Hotel in Telfes im Stubaital, aber nie ein Problem mit solchen Gegensätzen – dort das gepflegte Hotel, hier das urige Almleben. Aber sie hat ein Problem, wenn die Unordnung zu groß wird. Deshalb sorgt sie dafür, dass nun doch ein wenig aufgeräumt und modernisiert wird auf der Oberrainsalm. Sogar eine Dusche hat sie in ein Nebengebäude einbauen lassen. Der Luis nimmt die Veränderungen gelassen hin. Er ist froh, dass er eine so tüchtige Freundin hat, dann bleibt für ihn noch etwas Zeit zum Hergottschnitzen oder für die Musik. Und so spielt er für seine Roswitha hin und wieder auch ein Ständchen mit seiner steirischen Harmonika. Meistens erklingt ein Eigenproduktionslandler oder ein Eigenproduktionswalzer – die Alm regt zum Improvisieren an, es ist ja auch in vieler Hinsicht ein improvisiertes Leben als Almbauer. Und eines, das Disziplin erfordert.

Luis hat die Alm von seinem Großvater geerbt und könnte ohne sie nicht mehr sein. Aber es ist nicht alles Idylle hier oben. Luis nennt ca. 30 Stück Jungvieh und fünf Milchkühe sein eigen. Er melkt noch mit der Hand, was leichter ginge, wenn er nicht so viele Schwielen an den Händen hätte, aber die restliche Arbeit darf eben auch nicht liegen bleiben. Deshalb steht er täglich um vier Uhr morgens auf und beginnt mit dem Tagwerk. Trotz aller Mühen und Einschränkungen empfindet er sein Leben als privilegiert: „Die Freiheit, mein eigener Herr zu sein, das ist Luxus“, sagt er, „und die intakte Natur um mich herum, das ist auch Luxus. Ich kenne eine Wiese – sie liegt zum Glück etwas versteckt – da blühen so viel Türkenbundlilien wie sonst nirgends auf der Welt.“

Beliebtes Ausflugsziel
in nächster Almnähe:
der Obernberger See.

Früher war das gesamte Almengebiet von Padrins wie viele Tiroler Almen eine Gemeinschaftsalm, jetzt sind die einzelnen Weideflächen ihren Besitzern zugeteilt. Wie die Menschen haben auch die Kühe einen Sinn für schöne Orte und halten sich wegen des erfrischenden Wassers gern am nahe gelegenen Obernberger See auf. Dort werden sie dann von den Ausflüglern verscheucht, die sich ihrerseits an den Seeufern ausbreiten wollen. Dann kann es vorkommen, dass sich die Kühe zu Nachbars Weide aufmachen. Das gibt Ärger und Luis muss zusehen, dass er sie wieder in sein Revier zurücktreibt.

Wenn jedoch nichts weiter passiert, als dass sich die Kühe auf fremde Weiden verirren oder der Fuchs ein Huhn holt, kann man zufrieden sein. Die Oberrainsalm hat schon weit dramatischere Zeiten erlebt. An der Alm vorbei verlaufen alte Schmugglerpfade und Fluchtwege, die vor allem während und nach den beiden Weltkriegen viel benützt wurden. Vor dem Ersten Weltkrieg hatten die Südtiroler Bauern Weiderechte auf der Seealpe (Padrins) und in der Frode, alljährlich trieben sie das Vieh über die damals noch nicht bestehende Grenze. In den wirtschaftlich schlechten Zeiten zwang die Not die heimische Bevölkerung zu regem Schmuggel, der über eben diese Wege abgewickelt wurde. Das Vieh konnte damals in Südtirol zu einem deutlich höheren Preis verkauft werden als hierzulande.

Im Zweiten Weltkrieg waren im Almgebiet von Padrins vor allem Flüchtlinge unterwegs. Zuerst flohen verfolgte Juden, später die Nazis vorwiegend übers Sandjöchl nach Italien. Auch der berüchtigte SS-Arzt Josef Mengele wählte diesen Fluchtweg. Übrigens verhalf ihm ein italienischer Bischof zu den nötigen Papieren für die Weiterreise nach Südamerika. In Notzeiten waren die Almen aber auch Zufluchtsort und Ernährungsquelle für viele Menschen. Die Bauern mussten einen erheblichen Beitrag leisten, um die Versorgung der Bevölkerung halbwegs aufrecht zu erhalten. 1917 zum Beispiel hatte jeder Obernberger Bauer pro 5 Stück Vieh eines abzuliefern, das nach Steinach gebracht werden musste. Die Hirten waren während der Kriege auf Grund ihrer wichtigen Aufgabe vom Militär befreit und das Kühehüten war, wie der Töchterler Luis sagt, „die weit bessere Alternative“.

Klavier im Kuhstall

Heute ziehen vor allem Ausflügler an der Oberrainsalm vorbei, die das Naturidyll rund um den Obernberger See mit dem gleichnamigen Gasthaus besuchen wollen, oder Bergsteiger, die sich auf eine größere Tour begeben. Für sie ist die Oberrainsalm nicht so interessant, weil man dort nicht einkehren kann. Dem Töchterler Luis ist das nur recht. Zwar ist er sehr gesellig – immerhin war er 40 Jahre Skischulleiter der Skischule Obernberg – aber bei Tratsch und Schwatz würde nur die Arbeit liegen bleiben. Und den Feierabend teilt er ohnedies am liebsten mit seiner Roswitha.

Aus der Reihe der Kuhstallkonzerte: Luis spielt Schubert.

Wenn ihm danach ist, geht Luis hinauf zum Klavier, das heißt er geht in den Kuhstall, steigt die steile Leiter hinauf zum Heuboden, wo das Klavier immerhin zur Hälfte hervorragt aus dem Gerümpel – pardon – aus Arbeitsgeräten und leeren Zementsäcken, die man gewiss noch für irgend etwas gebrauchen kann. Gern spielt er Auszüge aus der Schubertmesse. Er kann sie auswendig, denn er ist schon mehrere Jahrzehnte lang Orgelspieler in der hübschen Kirche von Obernberg, die ein beliebtes Kalender- und Postkartenmotiv ist. Wer ihn hören will, muss bloß die Sonntagsmesse besuchen. Ich hingegen darf heute bei einem Privatkonzert im Kuhstall dabei sein. Ein wenig verstimmt klingen die Klaviersaiten, aber das tut dem musikalischen Gotteslob keinen Abbruch, das Luis voller Inbrunst ertönen lässt. Für ihn ist es auch ein Dank an den Himmel, dass er hier auf der Alm ein Leben ganz nach seinen Bedürfnissen führen kann.

Informationen

Lage: Die Oberrainsalm liegt etwas unterhalb vom Obernberger See (1600 m). Das Auto am besten beim großen Parkplatz neben dem Gasthof Waldesruh in Obernberg abstellen (gebührenpflichtig). Von dort führt der Weg an der Oberrainsalm vorbei in Richtung Süden hinauf zum Obernberger See und zum gleichnamigen Alpengasthof (ca. 20 Gehminuten).

Besonderheiten: Am See kann man sich ein Ruderboot ausleihen und eine romantische Bootsfahrt unternehmen. Schwimmen ist wegen der niedrigen Wassertemperaturen nur etwas für Abgebrühte. Um den See führt ein schöner Rundwanderweg. Auf halbem Weg erreicht man über eine kleine Brücke die Seekapelle „Maria am See“ – ein sehenswertes Kleinod mit schöner Deckenmalerei.

Verpflegung: Einkehren kann man im Alpengasthof Obernberger See. Den Töchterler Luis von der Oberrainsalm soll man lieber nicht bei der Arbeit stören, aber man kann ihm ja im Vorbeigehen zuwinken, wenn er bei der Heuernte ist oder rund ums Haus zu tun hat. Wenn er zufällig gerade Klavier spielt, freut er sich aber gewiss über ein paar Zuhörer.

16. Juli
Kotalm, Achenkirch

Eine alte Hüttn mit viel Charme

„Was? Auf die Kotalm wollt ihr?", fragt uns ein deutsches Touristenpaar auf der Terrasse der Erfurter Hütte, wo wir auf Mitglieder unserer Wandergruppe warten, die mit einer der nächsten Seilbahngondeln ankommen werden. „Das ist aber kein schöner Name für eine Alm." Nun, die alten Almnamen wurden nicht für einen Tourismusprospekt entworfen, außerdem stammt der Name von Kudei, also vom Wort Kuh, ab. Aber vielleicht benennt man sie ja irgendwann einmal zu Werbezwecken um, wenn die Vermarktung der Berge weiter so rasant fortschreitet.

Bei der Bergstation der Rofanseilbahn hat die Vermarktung längst begonnen. Man kann sich hier einen Adrenalinkick holen, indem man mit dem Skyglider AIRROFAN das Fliegen erprobt. Mit über 80 Stundenkilometern saust man in einer Hängevorrichtung unter angedeuteten Adlerschwingen vom Gschöllkopf hinunter. Nichts für mich – ich mag mir am Berg nicht die Seele aus dem Leib kreischen.

Oben am Gschöllkopf gibt es allerdings eine interessante Aussichtsplattform, die einem Adlerhorst nachempfunden ist. Sie ist von der Bergstation der Rofanseilbahn aus mit freiem Auge zu sehen. In ca. 40 Minuten Fußmarsch wäre sie zu erreichen, aber wir wollen heute ja auf die Alm mit dem hässlichen Namen.

Weil der Weg dorthin doch etwas Kondition erfordert, sind wir mit der Seilbahn von Maurach herauf gegondelt, haben bequem Höhe gewonnen und noch dazu eine fantastische Aussicht genossen. Bis zur Dalfazalm geht es nun zuerst leicht bergab und dann nahezu eben Richtung Westen, immer dem Achensee entlang, der allerdings ungefähr 800 Höhenmeter tiefer liegt. Als wir ihn nach einer Wegbiegung wieder erblicken, geht ein begeistertes Raunen durch unsere Gruppe. Mit smaragdgrünem Wasser liegt er fjordartig eingebettet zwischen den Bergen und man sieht sogar die kleinen weißen Segelschiffe, die offenbar gerade für eine Regatta trainieren.

Unterwegs mit Wanderführer

Fast würden wir über diesem herrlichen Ausblick die Schönheiten am Wegrand außer Acht lassen. Aber unser Bergwanderführer Franz Waldhart, Chef vom Tiroler Wanderhotel Achentalerhof in Achenkirch, kennt sich hier aus und macht uns auf botanische Besonderheiten aufmerksam: Die Brunellen in der Almwiese duften wie Kakao, daneben wachsen Arnika, Kugelorchideen, lila Bergastern, Ochsenaugen, gelber Eisenhut und Habichtskraut. Franz meint, dass wir auch Edelweiß zu sehen bekommen werden, aber das bezweifeln wir, schließlich haben wir nicht vor, auf unwegsamen Felsen herumzuklettern. Wahrscheinlich nimmt er uns auf den Arm.

Unsere neunköpfige Gruppe ist eine bunte Mischung aus Luxemburgern, Deutschen und Tirolern sowie aus jung und alt. Franz gelingt es, alle mit seiner Naturbegeisterung anzustecken. Für mich ist es das erste Mal, dass ich mit einer geführten Wandergruppe unterwegs bin, abgesehen von den ehemaligen Schulausflügen. Damals habe ich immer zu den weniger eifrigen Schülerinnen gehört, die am Ende der Gruppe ungestört miteinander schwätzten, aber diesmal halte ich mich knapp bei Franz, weil mir sonst einiges entgehen würde. Die schönen, uralten Zirbelkiefern, an denen wir vorbeikommen, sehe ich zwar, doch dass es sich hier um eine außergewöhnliche botanische Insel handelt, weil diese Baumart in den Kalkalpen nur sehr selten vorkommt, hätte ich nicht gewusst. Dass sie wertvolle ätherische Öle enthält, die sich fördernd aufs Wohlbefinden auswirken und für guten, erholsamen Schlaf sorgen, weiß allerdings sogar ein Grünhorn wie ich. Auf der Dalfazalm werden wir dann gleich eine Vollholz-Zirbenstube bestaunen. Dort schläft aber niemand ein, weil sich hier oft gesangesfreudige Ausflügler treffen und Familie Moser selbst gern Hausmusik betreibt.

Im Gänsemarsch hinauf zum Steinernen Tor. Hier blühen Edelweiß.

Nach ca. 45 Minuten haben wir die hübsche Dalfazalm erreicht. Dort legen wir eine kurze Kaffeepause ein, bevor es 300 Höhenmeter hinaufgeht zum Steinernen Tor, das auch Kotalm-Törl genannt wird, denn diese imposante Öffnung zwischen zwei riesigen Steinmajestäten bildet den Übergang zum Gebiet der Kotalmen. Der Anstieg ist für die konditionsschwächeren Leute in der Gruppe doch recht anstrengend, aber Franz dosiert das Tempo, weist sie an, kleine Schritte zu machen und kundschaftet gleichzeitig weitere Besonderheiten aus, wie zum Beispiel die zarten Soldanellen mit den gefransten lila Glöckchen. Sie wachsen am Rand der beiden Schneefelder, die noch vom Winter in den Mulden übrig geblieben sind.

Im Reich der Katzen, Bären und Affen

Wir sind jetzt im Gebiet der Katzen, Bären und Affen, das heißt im Murmeltiergebiet. Katzen werden die weiblichen, Bären die männlichen und Affen die jungen Murmeltiere genannt. Wir bekommen auch tatsächlich eines zu Gesicht, ein ziemlich abgebrühtes Exemplar, das sich von unserer Gruppe nicht aus der Ruhe bringen lässt und schließlich ohne Hast hinter einem Busch verschwindet. Auch wir gehen ohne Eile weiter, erfreuen uns an den vielen Enzianen und nähern uns Schritt für Schritt dem Steinernen Tor, das von unten aussieht, als würde es sich direkt zum blauen Himmel hin öffnen.

Franz hat nicht zuviel versprochen: Unmittelbar neben einem der beiden Felsen wachsen zwei Edelweiß. Sie stehen in Tarnfarbe vor dem Gestein und es bedarf eines sehr guten Blicks, sie nicht zu übersehen. Es ist trotzdem anzunehmen, dass wir nicht die einzigen sind, die um dieses Geheimnis wissen – dass sie noch stehen, ist ein Wunder. Aber Franz meint, das Verhalten der Menschen auf dem Berg habe sich durch gezielte Aufklärungsarbeit in den letzten Jahren sehr gebessert. Man achtet darauf, keinen Abfall liegenzulassen und reißt nicht achtlos geschützte Pflanzen aus, sondern erfreut sich an deren Anblick und zieht dann weiter.

Nach einer kurzen Rast tun wir das auch. Wir klettern über den Drahtzaun, der am Steinernen Tor gespannt ist und machen uns an den „Steinernen Mandln" (große, vor langer Zeit aus dem Felsen gebrochene Steine) und an blühenden Almrosenmatten vorbei auf den Weg hinunter zum Kotalm-Hochleger, wo das Galtvieh weidet. Hier wird die Alm der vermeintlichen Bedeutung ihres Namens gerecht. Trotzdem kann man nicht immer nur schauen, wo man hintritt, man muss ja die Gegend bewundern. Die markanten Klobenjochwände zu unserer Linken bieten einen imposanten Anblick. Franz erzählt, dass er hier schon einmal auf einem Schneefeld junge Gämsen beobachtet hat, die zum Spaß auf ihren Hinterteilen über ein Schneefeld „gerodelt" sind. Wir glauben ihm. Was die Edelweiß betrifft, hat er schließlich auch nicht geschwindelt.

Vom Steinernen Tor bis zum Kotalm-Mitterleger sind es ca. eineinhalb Stunden Gehzeit. Wir freuen uns auf eine zünftige Wurst- und Käsejause und einen Radler als Durstlöscher. Wer in der Hütte einkehrt, sollte beim Auftischen und Abräumen mithelfen, denn die beiden Almbewirtschafter Lisa Weinseisen und Luis Widmoser zählen nicht mehr zu den Jüngsten. Lisa ist achtzig und Luis noch ein paar Jährchen darüber. „Eine alte Hüttn bin ich", sagt die immer noch sehr rüstige Lisa. Aber die Kotalmhütte, die einem Bauern aus Rotholz gehört, ist weit älter: 300 Jahre alt nämlich.

Das soll ein Affe sein? Richtig! So heißt ein junges Murmeltier.

Filmreife Kulisse

In all der Zeit wurde nur das Allernötigste modernisiert. Lisa und Luis müssen ohne Strom und Wasserleitungen auskommen. Licht spenden Petroleumlampen, das Wasser holen sie vom Brunnen und erhitzen es in der Hütte über dem offenen Feuer. So beginnt jeder Tag um fünf Uhr morgens mit dem Anschüren der Scheiter und setzt sich nach dem Frühstück mit harter Arbeit fort. Die beiden haben zwanzig Milchkühe zu versorgen und Luis muss sich auch noch um das Galtvieh am Hochleger kümmern. Jeden zweiten Tag steigt er bis zu eineinhalb Stunden den Berg hinauf, um alle Tiere unter Aufsicht zu haben. Ja, sehr anstrengend sei das in seinem Alter, gibt er zu, aber er könne sich nichts anderes vorstellen. Den Sommer unten im Tal verbringen? Nur wenn es gar nicht mehr anders geht. Man darf halt nicht zimperlich sein, hier oben. Wegen einer kleinen Verletzung zum Arzt? Luis winkt ab. Man vertraut auf alte Heilmittel und auf die Selbstheilungskräfte. Immer funktioniert das jedoch nicht. Einmal hätte ihn eine Blutvergiftung beinahe den Arm gekostet. Die Sache ist zum Glück gut ausgegangen, der Almbesitzer brachte Luis gerade noch rechtzeitig ins Spital.

Früher hat Luis noch selbst gebuttert und gekäst, das macht er nun nicht mehr. Jetzt wird die Milch ins Tal geliefert – bis auf jene für den Hausgebrauch, denn viele Wanderer trinken sie gern, die frische Milch von der Alm. Manchmal kommen allerdings tagelang keine Besucher vorbei. Die Kotalm ist keine hochfrequentierte Ausflugsalm, weil nicht jeder den Fußmarsch auf sich nehmen will oder kann. Allerdings ist die Kotalm schon in einigen Filmen zu Ehren gekommen, zum Beispiel als Drehort für den Film „Die fetten Jahre sind vorbei" vom österreichischen Regisseur Hans Weingartner.

Immer wieder suchen sich Filmteams die alte Hütte und die wunderbare Naturkulisse rundherum als Location aus, aber Lisa und Luis begeistert das nicht. Dreharbeiten bringen den Arbeitsablauf auf der Alm durcheinander. Manche Filmleute benehmen sich noch dazu sehr rücksichtslos und hinterlassen wenig Dank, aber viel Müll. Für Filme hat Lisa hier oben ohnedies nicht viel übrig. Fernseher gibt es nämlich keinen. Die Geschichten und Berichte der vorbeikommenden Wanderer über die Geschehnisse im Tal müssen als Unterhaltung genügen.

Nachdem Lisa uns noch ein paar Witze erzählt – sie muss in ihrer Jugend eine Stimmungskanone gewesen sein – verabschieden wir uns und marschieren ins Tal, zum Achensee hinunter. Auf dem Steig durch den Wald erwartet uns noch eine Überraschung: Mitten am Weg hockt ein junger Sperlingskauz und beäugt uns verschämt. So einen hat noch nicht einmal Franz gesehen. Dass er keineswegs erschrocken schaut, hat einen guten Grund: Es ist ein sogenannter „Ästling" und es ist ganz normal, dass er hier am Waldweg hockt. Nach 30 Tagen verlassen die jungen Käuze nämlich die Bruthöhle und springen auf den Boden. Dort hocken sie scheinbar verlassen, bevor sie auf einen sicheren Sitzplatz klettern. Die Eltern füttern den jungen Kauz noch etwa 60 bis 70 Tage lang, dann sind die Jungen selber fähig zu jagen. Wir lassen den putzigen kleinen Kerl zurück in der Hoffnung, dass sich seine Eltern tatsächlich um ihn kümmern werden. Oder zumindest die große Mutter Natur, auf die in solchen Fällen ja auch meistens Verlass ist.

Erfrischende Aussicht
auf den Achensee.

Informationen

Lage: Die Kotalm liegt auf 1608 m im Rofangebirge. Den Ausflug beginnt man am besten in Maurach am Achensee, Talstation der Rofanseilbahn; Auffahrt mit der Seilbahn auf 1840 m; von der Erfurter Hütte auf dem Enzianweg zur Dalfazalm (1692 m), Aufstieg ca. 300 Hm zum „Steinernen Tor" (Kotalm Törl). An den „Steinernen Mandln" und den Klobenjochwänden vorbei zur Kotalm.

Besonderheiten: Urige Alm, oft als Filmkulisse eingesetzt. Nach dem Abstieg am Ufer des Achensees angelangt, kann man gut ausdampfen, aber auch abdampfen: Von der Schiffsstation Achenseehof fährt ein Dampfer nach Maurach. Oder man fährt mit dem Linienbus zur Talstation der Rofanseilbahn zurück.

Verpflegung: Auf der Hütte vom Kotalm-Mitterleger gibt es eine Wurst-, Speck- oder Käsejause und Getränke; Lisa Weinseisen freut sich, wenn man mithilft, weil sie mit ihren über achtzig Jahren nicht mehr so schnell servieren kann wie eine junge Frau. Dafür lacht sie gern, erzählt Witze und unterhält eine ganze Gesellschaft, wenn sie gerade Zeit hat.

Schöne neue Kuhstallwelt

Ein aufmerksamer Beobachter und Erforscher der bäuerlichen Kultur und damit auch der Almwirtschaft ist mein Schriftstellerkollege Bernhard Kathan. Er lebt und arbeitet als Kulturhistoriker, Künstler, Autor und Kurator in Innsbruck und betreibt ein experimentelles Museumsprojekt (www.hiddenmuseum.net). Er hat zahlreiche Essays und Bücher veröffentlicht, u.a. „Das indiskrete Organ. Organverpflanzungen in der Literatur", „Nichts geht verloren", „Strick, Badeanzug, Besamungsset. Ein Nachruf auf die kleinbäuerliche Kultur" und das sehr informative Buch „Schöne neue Kuhstallwelt".

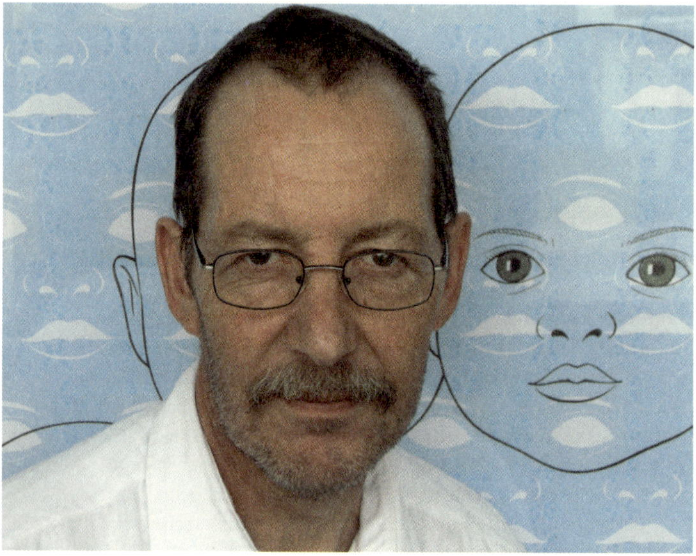

Foto: privat

Du hast dich im Laufe deiner kulturhistorischen Arbeit u.a. auch auf das Fotografieren von Kühen spezialisiert. Warum ausgerechnet Kühe?

Bernhard Kathan: Wer sich mit der kleinbäuerlichen Kultur im Alpenraum auseinandersetzt, muss zwangsläufig nach der Bedeutung des Rindes fragen. Die kleinen Bauern waren um das Rind, zumindest mit dem Rind organisiert, und das auch dann, wenn in einem Stall nur drei oder vier Kühe standen. Das Schwein war zwar wichtig, ihm kam aber nie diese Bedeutung zu. Die kleinen Bauern lebten in unmittelbarer Nähe mit ihren Kühen, schliefen nicht selten in Kammern, die nur notdürftig vom Stall abgegrenzt waren, so nah, dass sie nachts das Atmen und Wiederkäuen der Kühe hören konnten. Die Kühe waren für sie mehr als nur Nutztiere. Die kleinen Bauern konnte eine freudige Erregung befallen, drängten sich abends Kühe vor der Stalltüre, sie waren ergriffen, wenn die Kühe, ohne dass es eines einzigen Stockschlages bedurfte, am Tag des Almabtriebes auf ihren Stall zuliefen, und sie waren traurig, wenn ein Platz im Stall leer war, weil sie eine Kuh hatten verkaufen müssen.

Die Tiere bekommen wohl ebenfalls eine intensive Bindung zu ihren Versorgern, wenn sie gut behütet werden?

Bernhard Kathan: Kürzlich erzählte mir eine Frau von einem Bauern, einem erfolgreichen Rinderzüchter, der sich am Gabellader seines Traktors erhängt hat. Seine Frau, sie ahnte ein Unglück, hieß ihre zwei Kinder im Stall warten. Sie fand ihren Mann. Als sie in den Stall zurückkehrte, waren die Kühe inzwischen sehr unruhig geworden. Die Frau ist zutiefst davon überzeugt, dass die Kühe den Tod des Bauern wahrgenommen und das durch ihr Verhalten zum Ausdruck gebracht haben. Mancherorts musste ein Todesfall im Haus den Kühen angesagt werden. Man fürchtete, sie würden sonst keine Milch mehr geben. In der volkskundlichen Literatur finden sich viele ähnliche Beispiele. Leider gibt es nur wenige Texte, in denen Bauern selbst ihr Verhältnis zu Kühen beschreiben. Bauern war die Schriftkultur fremd, auch dann, wenn sie lesen und schreiben konnten. Sie überlieferten ihr Wissen mündlich, vor allem durch konkretes Tun. Eine Ausnahme ist u.a. Franz Michael Felder. Er wuchs mit Kühen auf, aber er vermochte seine Welt auch reflektierend zu beschreiben. Dann wären noch einige Autoren zu nennen, die sich zumeist von außen kommend mit der Welt der kleinen Bauern auseinandersetzten. John Berger, Beat Sterchi oder Noëlle Revaz zum Beispiel. Noëlle Revaz' „Von wegen den Tieren" liest sich als großartiges an Kühe gerichtetes Selbstgespräch eines Bauern, der sich in all den Umbrüchen nicht mehr zurechtfindet.

Umbrüche, die vielen Bauern zu schaffen machen?

Bernhard Kathan: Wer in den 50er Jahren des letzten Jahrhunderts als Kind eines kleinen Bauern aufwuchs, stand der Welt Felders näher als der heutigen Landwirtschaft und Rinderhaltung. Damals konnten sich Bergbauern gerade einmal den ersten Motormäher kaufen und Heuen war noch eine sehr arbeitsintensive Sache. Wochenlang waren ganze Familien damit beschäftigt. Dank Mechanisierung bewirtschaften heute Bauern in wenigen Tagen nahezu allein die zehnfache Fläche. Ich kenne einen Bauern, der ist mit Heinzen, Stanggern und Heutragen aufgewachsen. Heute hält er seine Kühe in einem High-Tech-Stall nach geltenden Regeln des Herdenmanagements mit Tieridentifikationssystemen, automatisierter Kraftfutterausschüttung und Embryonentransfer. Er ist Obmann

Foto: Bernhard Kathan

des örtlichen Almausschusses, treibt aber selbst kein Vieh mehr auf. Seine Rinder werden auch während des Sommers mit Silage und Kraftfutter gefüttert.
Wenn ich all die Veränderungen der letzten Jahrzehnte sehe, dann fallen mir manchmal Ureinwohner im Hochland von Papua Neuguina ein. Noch vor wenigen Jahrzehnten führten sie rituelle Stammeskriege und bestrichen sich ihre Körper mit einer dicken Fettschicht, um sie vor Kälte zu schützen. Heute laufen ihre Kinder in Shorts und T-Shirts herum, ausgestattet mit Handys oder MP3-Playern. Wie diese Ureinwohner hat es die kleinen Bauern innerhalb kürzester Zeit in eine völlig andere Welt katapultiert. Dieser abrupte Wandel ist nicht ohne zahlreiche Konflikte denkbar. Man denke an die Hofübergabe. Früher war das Erbe an zahlreiche Verpflichtungen gebunden, heutige Bauern müssen betriebswirtschaftlich denken. Die Subsistenzwirtschaft wurde durch die Marktwirtschaft, die Einbindung in die Geldwirtschaft abgelöst. Und all das funktioniert nur dank einer radikalen Spezialisierung, die in der Rinderhaltung sehr gut zu sehen ist. Ein Dreinutzungsrind ergäbe heute keinen Sinn mehr.

Bedeutet die Vollautomatisierung ihrer Betriebe für die Viehbauern nicht auch große Erleichterung?

Bernhard Kathan: Die Technisierung der Rinderhaltung hat zweifellos vieles erleichtert. Ohne reproduktionstechnische Manipulationen hätte sich die Milchleistung nie in dieser Weise steigern lassen. Andererseits ist nicht zu übersehen, dass die Veterinärmedizin sich heute mit den Folgen

dieser Optimierung zu beschäftigen hat. Die durchschnittliche Lebenserwartung von Kühen hat in den letzten Jahrzehnten deutlich abgenommen, außerdem leiden Rinder vermehrt unter Fruchtbarkeitsstörungen. In der modernen Rinderhaltung finden sich hochtechnologische Systeme, in denen Informatik, Biowissenschaften, Verhaltensforschung oder Reproduktionsmedizin ineinandergreifen. In großen Betrieben werden Kühe in weitgehend automatisierten Ställen gehalten. Diese Rinder haben nur noch wenig mit den Kühen gemeinsam, die kleine Bauern früher einmal hatten. Im Anatomiemuseum in Innsbruck ist das Skelett einer ausgewachsenen Milchkuh aus dem neunzehnten Jahrhundert zu sehen. Die Hörner dieses Skeletts reichen einem erwachsenen Menschen bestenfalls bis zur Brust.
In den letzten zwei Jahrzehnten hat sich die Rinderhaltung grundlegend gewandelt. Erwähnt seien nur Laufställe oder hornlose Kühe. Dieser Wandel betrifft natürlich auch die Almen. Auf der einen Seite haben wir es mit Rindern mit hoher Milchleistung zu tun, auf der anderen mit einer extensiven Bewirtschaftung. Auffallend ist die Differenzierung der Rassen. Hochleistungsrindern stehen trittsichere Tiere mit geringer Milchleistung gegenüber, die auch in extremen Almlagen sich selbst überlassen über den Sommer kommen. In der Mutterkuhhaltung haben die Tiere nur noch wenig Kontakt mit Menschen. In meiner Kindheit hatte man auf Almen bestenfalls auf Stiere zu achten, heute ist auch auf Mutterkuhalmen gegenüber Kühen eine gewisse Vorsicht geboten.

Merkt man einer Kuh an, wie sie gehalten wird?

Bernhard Kathan: Die Unterscheidung zwischen Mutterkuh- und Milchkuhhaltung ist ganz einfach. Und man weiß gleich, ob die Tiere aus einem Anbinde- oder einem Laufstall kommen. Man spürt auch, ob sie geschlagen oder gut versorgt werden. Es gibt Tiere, die schrecken sofort zurück, andere sind neugierig, nehmen Kontakt auf. Unlängst habe ich einen Betrieb mit etwa tausend Milchkühen besichtigt. Ein Laufstall, weitgehend automatisiert. Wenn man sich in so einem Stall einer Kuh nähert, weicht sie aus. Überhaupt sind diese Kühe auf den Laufflächen sehr viel mit Ausweichen beschäftigt und in ihrem Verhalten völlig gestört und kaputt. Viele denken, Laufställe seien artgerecht, die Kühe nicht länger angebunden, für die Tiere sei das besser. Dass sich Laufställe so rasch durchgesetzt haben, ist allerdings einzig durch die technologischen Möglichkeiten und betriebswirtschaftliche Interessen begründet.

Lässt sich von deinen Kuhfotos auch eine Veränderung des Almlebens ablesen?

Bernhard Kathan: Ohne dass ich es beabsichtigt habe, fallen meine Kuh-Fotos in die Zeit eines großen

Foto: Bernhard Kathan

Umbruches. Es gibt zunehmend weniger Rinder aus Anbindeställen, es gibt immer weniger behornte Kühe und so fort. Um anhand von Fotos die Veränderungen zu sehen, genügen einige Jahre aber nicht. Da muss man heutige Aufnahmen mit Aufnahmen vergleichen, die etwa in den 30er Jahren gemacht wurden. Nur so lassen sich viele Dinge erkennen. Einmal hat sich die Viehhaltung, der Umgang mit dem Vieh sehr gewandelt. Alte Aufnahmen zeugen von einem engen Verhältnis von Mensch und Tier. Ich denke etwa an ein Foto, auf dem eine junge Frau mit einem Rind zu sehen ist. Diese junge Frau hatte keine Scheu vor Hörnern, auch das Rind, es ist etwas bockig, ist offensichtlich an den Menschen gewöhnt. Ein anderes Beispiel: Trotz des harten Lebens auf der Alm gab es so etwas wie Geselligkeit. Manchmal sieht man Trauben von Menschen auf solchen Bildern, die sonntags auf die Alm kamen, um nach ihren Kühen zu sehen. Felder schreibt bei seinen Almerfahrungen auch viel über abendliche Besuche auf Nachbaralmen, über Rechte und Pflichten von Besuchern, natürlich auch über Streitigkeiten oder etwa den harten Umgang des Dorfes mit Bauern, auf deren Alm die Maul- und Klauenseuche ausbricht.

Waren Hörner früher nicht auch so etwas wie das Statussymbol einer Kuh?

Bernhard Kathan: Auf wohl geformte Hörner ihrer Kühe waren die Bauern früher stolz. Die Hörner sollten nicht zu kurz sein, in einem eleganten Bogen nach oben führen, spitz zulaufen und vor allem eine klare Symmetrie aufweisen. Mit Hilfe von Hornhaltern wurde versucht, ihnen die richtige Form zu geben. Adolf Trientl schrieb 1876 im Boten für Tirol und Vorarlberg über einen Tiroler Wirt, der eine hornlose Kuh, ein Zufallsprodukt der Natur, besaß: „Das herangewachsene Thier wurde von gehörnten Stieren belegt und brachte theils gehörnte, theils ungehörnte Junge zur Welt. Der Wirth erzog die ungehörnten und so gelangte man endlich zu einem kleinen Stand, der 15–20 Stücke wohl schwerlich je überschritten haben dürfte, weil diese ungewöhnliche Eigenschaft wenig Liebhaber findet."

Eine Kuh ohne Hörner? Zumindest im Alpenraum konnte das keine richtige Kuh sein. Laufställe erfordern hornlose Kühe, zumindest lassen sich nur so die Bewegungsflächen auf ein Minimum reduzieren, was nicht nur die Baukosten, sondern auch die Kosten der Entmistung senkt. Außerdem wird das Verletzungsrisiko in Rangkämpfen reduziert. Aber Laufställe haben auch das Verhältnis von Bauern und Kühen grundlegend gewandelt. Wurde anfangs die Enthornung mit Verletzungen bei Rangkämpfen begründet, so geht es nun um die Vermeidung von Verletzungen von Bauern durch ihre Kühe.

Es schaut ganz danach aus, als sei die Alm nur im touristischen Kontext auch ein Hort des Kitsches und der heilen Welt?

Bernhard Kathan: Romantisch war das Almleben immer nur durch die Brille bürgerlich-urbaner Betrachtung. Man mag die Kulturtechniken bewundern, aber man muss auch an Armut, harte Arbeit und vieles andere erinnern. Zum Beispiel, was den Buben abverlangt wurde, die den Sommer über als Hirten auf die Alm gehen mussten. Für den Ziegenhirten in meiner Kindheit endete die Schule Anfang Mai, dann musste er mit den Ziegen gehen. Ziegenhirt wurde man durch eine Art negativer Versteigerung. Wer am wenigsten verlangte, erhielt den Zuschlag. Jeden Tag bekam der Ziegenhirt in einem anderen Haus ein oder zwei Brote. Er trieb die Ziegen aus dem Dorf in den Almbereich und musste dort für das Weiderecht für Hirten und Sennen arbeiten. Als Lohn durfte er mitessen. Abends trieb er die Ziegen wieder ins Dorf, wobei immer darauf zu achten war, dass sich keine der Ziegen – es waren damals noch sehr viele – in einem der Gärten über Pfingstrosen oder andere Pflanzen hermachte.

In den 1970er Jahren war ich auf einer Alm in Südtirol. Zwei zehnjährige Buben waren dort Hirten. In einer Nacht gab es ein furchtbares Gewitter. Es regnete heftig, in nächster Nähe schlugen Blitze ein. Die beiden Buben, es waren ja noch Kinder, mussten eine halbe Stunde durch schwieriges Gelände gehen und nach dem Vieh sehen, welches sich auf einem Hochplateau befand, das an der Kante steil abfiel. Das war für den Bauern dieser Alm völlig selbstverständlich. Sicher hatte er als Kind ähnliche Erfahrungen gemacht.

22. Juli
Brentenjochalm, Kufstein

Die Rückansicht des Kaisers

Wo der Wilde Kaiser den schönsten Almen den Rücken zudreht, machen sich mitunter anarchische Zustände breit. Dort herrscht auf verzauberten Plätzen die Feenzeit und alles verlangsamt sich auf natürliche Weise, die Sinne werden empfindsamer, das Gemüt hellt sich auf, sogar Naturgesetze werden außer Kraft gesetzt, weil die Natur sich nicht an ihre eigenen Regeln hält und aus reinem Übermut Kobolde tanzen lässt. Wenn man nicht genau hinsieht, kann man sie sehen. Wenn man genau hinsieht und dem Geheimnis auf den Grund gehen will, sieht man in der Dämmerung vielleicht nur Nebelschwaden ziehen oder im dichten Wald Schatten vorbeihuschen. Einen Naturgeist bekommt man nicht zu fassen, aber man kann sich von ihm erfassen lassen, seine Wesenheit und Anwesenheit spüren. Das funktioniert. Zumindest, wenn man mit der bekannten Kinder- und Sagenbuchautorin Brigitte Weninger auf ihren Heimatalmen im Kaisertal oder rund ums Brentenjoch unterwegs ist.

Es ist der heißeste Tag im Jahr, das Thermometer im Tal klettert gegen dreißig Grad und auch uns zieht es nach oben. Im wahrsten Sinn des Wortes, denn wir benützen für den Aufstieg den Kaiserlift Kufstein. Das ist keine Verletzung der Wanderehre, denn er ist ein sehenswertes Industriedenkmal aus den späten 1960er Jahren, man muss einmal mit ihm gefahren sein. Auf einem der Einsitzersessel zu übernachten ist weniger empfehlenswert, aber im Winter 1981 ist das einem „blinden Passagier" passiert, der sich noch schnell unbemerkt vor Betriebsschluss in den Lift schummelte. Da hing er dann die ganze Nacht ausgerechnet über dem tiefsten Graben, wo ein Abspringen unmöglich ist, und hatte genügend Zeit, darüber nachzudenken, dass es sich nicht auszahlt, am falschen Ort zu sparen. Der Vorfall war mit ein Grund, warum im Liftbeförderungswesen die Leerrunde eingeführt wurde. Die letzte Fahrt an jedem Tag ist also höchstens für Gütertransporte bestimmt, vielleicht fahren auch manchmal Almgeister und Kobolde mit, wenn sie sich einen Spaß machen wollen. Sie finden schon einen Weg, sich zu befreien, denn sie können viele erdenkliche Gestalten annehmen, wie ich an diesem Tag noch von Brigitte erfahren werde.

Sich am Liftpersonal vorbeizuschwindeln ist übrigens gar nicht so einfach. Auf dem „Bahnsteig" herrschen strenge Regeln. „Den Anweisungen des Bahnsteigschaffners ist Folge zu leisten", steht auf einem großen gelben Schild neben der Einstiegstelle. Aber der „Schaffner" verzichtet auf Anweisungen, er hilft uns freundlich beim Einsteigen. Mit dem Lift geht es hinauf auf den Jahnhügel am Brentenjoch, gleich darunter liegt die Brentenjochalm. Brigitte, die auch eine passionierte Jägerin ist, führt mich aber zuerst auf die Jagdhütte und auf dem kurzen Weg dorthin bekomme ich einen Schnellkurs in Almkräuterkunde.

Kräuter für Leib und Seele

Mit kundigem Blick macht sie auch die unscheinbarsten, aber höchst wirksamen Wald- und Wiesengewächse ausfindig. Waldmeister zum Beispiel ist ein ganz spezielles Kräutlein. Er enthält den Wirkstoff Cumarin, der u.a. für den Geruch frischen Heus verantwortlich ist. Er wirkt krampflösend und erheitert das Gemüt, man könnte auch sagen, er macht ein bisschen high. High im Heu wäre also ein guter Slogan für die Tourismuswerbung, wenn sie ihre Heublumenbäder verkaufen

Brigitte Weninger trägt Verpflegung
und kleine Kobolde im Rucksack.

möchte. Ganz grantigen Menschen hat man Waldmeisterkraut früher in die Schuhe gestopft, damit sie den Wirkstoff über die Fußsohlen aufnehmen.

Es versteht sich, dass zu viel von diesem Wirkstoff schädlich ist, also mit Vorsicht genießen, aber dennoch genießen! Mit Prosecco aufgegossen ist so ein Waldmeister-Aperitiv eine herrliche Sache und kommt gerade richtig, um einen schönen Almtag zu beginnen. Wir haben hier heroben heute ja keine gefährlichen Wege zu bewältigen und können gern auf der Jagdhütte ein gut gefülltes Gläschen trinken. Außerdem gehört es zu meiner Recherche, ich sollte doch wissen, wie die Kräuter schmecken. Für Menschen, die beruflich viel trinken müssen (!), hat Brigitte einen weiteren Tipp auf Lager: Walderdbeeren reinigen die Leber. Und Walderdbeeren gibt es in dieser Gegend viele. Wo sie wachsen, findet man meistens gleich daneben den Waldmeister.

Zum Waldmeister-Aperitiv gibt es eine gute Jause und jetzt weiß ich endlich, warum Brigitte einen derart riesigen Rucksack mit sich herumschleppt. Sogar selbst gemachte Wurst fördert sie aus dem wuchtigen grünen Lodensack zutage, der mindestens halb so groß ist wie sie. Wie es sich für eine expeditionstaugliche Bergsteigerin gehört, hat sie immer alles mit dabei, was man in Notfällen brauchen kann. Überlebenswichtig ist für sie aber auch das Schreibzeug, denn Schreiben ist schließlich ihr Beruf und Ideen für ihre erfolgreichen Geschichten hat sie auf der Alm viele. „Die Gegend hier inspiriert mich und vor allem an verzauberten Orten wie am Wasserfall vom Mirakelbrunnen im Kaisertal gehen mir die Sinne auf. Nach einem langen strengen Winter habe ich jedesmal Heimweh nach meinem Feenreich."

Brigitte war, wie sie selbst sagt, „ein auf Almen verschlepptes Kind", denn Almen waren und sind noch heute ein günstiges Ausflugsziel für Familien. Meistens kehrte die Familie Weninger auf Selbstversorgerhütten ein, manchmal gab es ein Glas Milch oder ein Kracherl in einer Wirtschaft. Ihr Vater brachte ihr die „essbare Landschaft" näher, zeigte ihr Kräuter, Pilze, Wildgemüse, Pastinaken und Baumkaugummi aus Pech. Auch als Kind war sie bereits von der wilden Landschaft fasziniert, sie regte Abenteuerlust und Fantasie an. „Damals konnte ich sie noch sehen, die Kobolde, Elfen, Trolle, Zwerge und Almgeister, ab zehn Jahren war es damit vorbei und jetzt trauen sie sich allmählich wieder in meine Nähe", sagt Brigitte schmunzelnd.

Von Almgeistern und Feen

Am helllichten Tag, wenn kein nächtlicher Sturm um eine einsame Hütte streicht und an den Dachbalken rüttelt, kann man sehr sachlich über diese Themen reden. Was sind das also für Geister? Jede Alm hat ihren Almgeist, erklärt Brigitte. Sie sind Beschützer des Hauswesens, passen auf, dass nichts passiert und mögen es, wenn man ihnen ab und zu eine Schüssel Milch oder Rahm vor die Tür stellt. Die berühmtesten Almgeister sind das Kasermandl oder, im Tiroler Unterland weiter verbreitet, der „wilde Alber". Ebenso gibt es Alm-Putten oder tierische Hausgeister wie die Erdhenne. Viele von ihnen passen auch als „Wintersenner" auf die Alm auf, damit keine Lawinen die Hütten und Ställe zerstören oder sonst Schlimmes geschieht. Almgeister sind also sehr nützlich und wie Pfadfinder immer bereit für die gute Tat. Auf der Brentenjochalm hatte eine Sennerin im Herbst einmal einen Schmalztopf vergessen, sie musste nochmals zur Alm hinaufsteigen, geriet in einen Schneesturm und überlebte, weil ein fürsorglicher weiblicher Almgeist für sie kochte.

Leider sind Almgeister auch Moralisten. Sie können es überhaupt nicht ausstehen, wenn jemand Almfrevel begeht, Lebensmittel vergeudet, gottlose Spiele treibt, oder eine Sennerin oder ein Senner zu faul ist, um auf das Vieh aufzupassen oder die Alm in Ordnung zu halten. Dann geschieht meistens Schreckliches. Almgeister neigen in ihrer Bestrafungswut zur Übertreibung, die Sagen sind voll von ihren zahlreichen Racheakten am gottlosen, verführten, übermütigen oder bloß überforderten Menschen. So wild kann ein Wilder Kaiser gar nicht sein, als dass er es mit ihrem wütenden Groll aufnehmen könnte. Also nicht in jeder Hinsicht sympathisch, diese Almgeistersippschaft.

Kaiserliche Wanderfreuden erwarten einen hier.

Leni Kaindl, die Bewirtschafterin der Brentenjochalm, braucht sich jedenfalls vor grollenden Almgeistern nicht zu fürchten. Sie hat alles tadellos in Schuss. Das Galtvieh und die Kalbinnen (die Milchkühe weiden auf der ca. eine halbe Stunde Gehzeit entfernten Steinbergalm am Hang gegenüber) liegen tagsüber im sauberen Stall, die heimeligen kleinen Stuben sind vorbildlich aufgeräumt, die üppige Blumenpracht rund ums Haus zeugt von guter Pflege und die Gäste sitzen zufrieden in der Sonne vor der Hütte und genießen Lenis wunderbaren Nusskuchen, so auch wir.

Hier duftets auch hinterm Haus gut:
blumengeschmücktes Separee.

Jetzt kann man die Feenzeit spüren. Anstehende Aufgaben, über die man sich vielleicht am Morgen noch Sorgen gemacht hat, sind im Tal zurückgeblieben und haben ihre Dringlichkeit verloren. Wenn wir uns genüsslich in der Sonne räkeln, wird auch nicht gleich ein zorniger Alber zur Geschäftigkeit mahnen. Es geht nämlich um das richtige Maß und weil es gar nicht leicht ist, das zu finden, hält Brigitte Weninger auf der Alm regelmäßig Entschleunigungs-Seminare. Da lernt man dann viel über das Wesen der Natur und vor allem auch über sich selbst.

Einige dieser Seminare gibt sie im Hans-Berger-Haus im Kaisergebirge, wo ihre Freundin, die umtriebige Hüttenwirtin Silvia Huber, beliebte Wilde Kaiserinnen-Bergsteigerkurse für Frauen veranstaltet und noch dazu die „Erste Gipfelbibliothek der Welt" betreibt. Das ist gleichzeitig eine bemerkenswerte Initiative gegen die Regalhaltung von Büchern und für Kultur in der Natur. Zu Silvia will Brigitte heute noch über den Bettlersteig wandern. Als sie mit Hirtenstecken und Filzhut davonmarschiert und schließlich nur noch ihr großer Rucksack zu sehen ist, bin ich nicht sicher, ob sie im Marschgepäck nicht doch etwas ganz Außergewöhnliches mit sich herumträgt. Einen kleinen Kobold zum Beispiel, der ihr all die wunderbaren Geschichten zuflüstert.

Informationen

Lage: Die Brentenjochalm liegt etwas unterhalb des Jahnhügels am Brentenjoch (1204 m). Der Kaiserlift erleichtert als einzige Bergbahn den Aufstieg zur Gipfelkette Wilder Kaiser. Die Talstation befindet sich in Kufstein unweit der Sparchenstiege, die den Zugang zum Kaisertal eröffnet. Über die Mittelstation bei der Duxeralm (897 m) führt der Lift zum Jahnhügel am Brentenjoch.

Besonderheiten: Lohnende Touren u.a. zur Kaindlhütte (1293 m), per Widauersteig auf den Scheffauer (2111 m) oder auf den Gamskogel (1449 m). Der Bettlersteig leitet zum Anton-Karg-Haus (829 m) im hinteren Kaisertal (Hinterbärenbad) und zum Hans-Berger-Haus. Die Brentenjochalm liegt am „Tiroler Adlerweg", es ist von dort aus auch der Weg übers Hochegg zur Walleralm/Stöfflalm möglich.

Silvia Hubers Bergsteigerinnen-Seminare für „Wilde Kaiserinnen" und ihre Gipfelbibliothek sind mittlerweile weit bekannt. Über die Bücher, Lesungen und Seminare von Brigitte Weninger kann man sich auf ihrer Homepage www.brigitte-weninger.com oder unter www.bergsteigerschule.at informieren.

Verpflegung: Auf der Brentenjochalmhütte gibt es eine einfache Jause, erfrischende Getränke und guten Kuchen, außerdem kocht Leni Kaindl jeden Samstag Mittag „Ausgezogene Nudeln" (Kiachl) mit Fisolensuppe und/oder Zillertaler Krapfen. Eine weitere gute Einkehrmöglichkeit ist das Weinbergerhaus in nächster Nähe.

24. Juli
Stamser Alm, Stams

Ein Platz nah am Himmel

Der Weg zu Gott ist kein leichter. Auch nicht der Weg zur höchstgelegenen Barockkirche Europas, „Mariae Heimsuchung" auf der Stamser Alm auf 1873 m. Ungefähr vier Stunden Aufstieg sind vom Zisterzienserkloster Stams aus zu bewältigen, bis man das Ziel erreicht hat. Aber die Stamser Alm ist ein Kraftplatz, wo man sich schnell regeneriert – egal, ob man zuerst der Kirche oder der kleinen Jausenstation einen Besuch abstattet.

Schon beim Aufstieg erfasst einen das Gefühl, Schritt für Schritt der Zivilisation zu entrücken. Der Weg führt vorbei an Urgesteinsfelsen mit jahrhundertealten Zirben und Lärchen und an einer Schlucht mit steil abfallenden Wänden. Durch die Schlucht sprudelt der Stamser Bach, der alle 100 Jahre einmal seine Kräfte messen will und über die Ufer tritt. Deshalb schützt man den Ort drunten im Tal mit einer Verbauung. Weiters geht es vorbei an mehreren Lawinenstrichen, wie z.B. der Alppleisse. Jedes Jahr donnert an dieser Stelle eine Lawine hinunter.

Der Mensch hat diese Gewalten weitgehend im Griff, aber das letzte Wort hat hier die Natur – Geschwätzigkeit ist fehl am Platz. Außerdem muss man sich aufs Atmen konzentrieren, die Forststraße windet sich zwar in bequemer Breite, aber stetig steil bergauf.

Früher, bevor die Forststraße gebaut wurde, verlief der Weg noch steiler. Den steilsten Wegabschnitt nannte man „Bluetschwitzer" oder „Kniebrecher", weil er einen förmlich zwang, in die Knie zu gehen. Eine ziemlich direkte Nachhilfe für alle, die nicht freiwillig die Knie gebeugt haben, denn damals gab es auch einen Kreuzweg hinauf auf die Stamser Alm, dessen Stationen mittlerweile verfallen sind.

Ob die Ordensbrüder das Anstrengungspotential des Aufstiegs mitbedacht haben beim Bau der Kirche? Oder haben sie sich einfach einen wunderschönen Platz gesucht, der dem Himmel sehr nahe ist? Prälat Rogerius Sailer, der von 1742 bis 1766 Abt des Stiftes war, ließ die Kirche erbauen und gleich daneben das stattliche „Prälatenhaus", das den Ordensbrüdern als Wohnhaus für die Sommerfrische diente und den Jagdgästen als komfortable „Jagdhütte". Zeitweise hat auch Hirten- und Almpersonal darin gewohnt und sich in der zirbengetäfelten Stube durch Einritzen der Namen verewigt.

Von armen Geistermönchen

Das Prälatenhaus ließ der Jagdpächter vorbildlich renovieren, aber es ist für die Allgemeinheit nicht zugänglich – man kann höchstens durch die Fenster einen Blick in die schöne Stube werfen, wenn die Läden offen sind. In die ebenfalls renovierte Kirche aber darf und soll man eintreten. Den Schlüssel bekommt man bei der Jausenstation. Kaum öffnet sich die Kirchentür, ist man überwältigt von der Helligkeit des Innenraumes, den Farben in leuchtendem Pastell und vom prächtigen Rokoko-Hochaltar. Dass die Decken- und Wandmalereien so gut erhalten sind, schreibt man der sauberen Höhenluft zu. Unter anderem sind auch Kirche und Prälatenhaus der Stamser Alm abgebildet. Man wundert sich ein bisschen, denn die Kirche ist dabei wesentlich größer dargestellt, in Wirklichkeit sind beide Gebäude annähernd gleich groß.

Kirchenmaler haben eben ihre eigenen Relationen und ihre Bilder sind manchmal gar nicht prüde. Wenn man zum Plafond hinaufsieht – und in einer Kirche muss man nach oben schauen! – erblickt man Mutter Maria, die mit einem Milchstrahl aus ihrer Brust einen Ordens-

Hier öffnet sich die Tür zur höchstgelegenen Barock-Kirche Europas.

bruder nährt, und zwar einen der bedeutendsten Ordensväter des Zisterzienserordens, Bernhard von Clairvaux. Dieselbe Abbildung ist auch im Stift Stams ein paarmal zu finden. In einer Vision hatte die Hl. Maria zu Bernhard gesagt: „Als Unterpfand meiner Liebe zu dir reiche ich dir die Mutterbrust." Es ist also selbstverständlich keine erotische Darstellung, sondern bringt ein Mutter-Kind-Verhältnis zum Ausdruck. In der kirchlichen Symbolik bedeutete die Milch das stärkende, lebenspendende Gnadengeschenk Gottes. Pater Michael, der Ortspfarrer von Stams, erklärt die Wichtigkeit der „Lactatio Bernardi" für seinen Orden folgendermaßen: „Ein an der Mutterbrust gestärktes Kind baut eine andere Mutterbeziehung auf als ein an der kalten Flasche gezogenes."

Die Mutterbrust der Hl. Maria auf der Deckenmalerei in der Almkirche war solange entblößt, bis ein Abt sie mit einem zarten Hauch von Stoff übermalen ließ. Das tut dem Paradies allerdings keinen Abbruch. Milch und Honig gibt es für den guten Mann, denn aus einem Bienenkorb macht sich gerade ein Schwarm Bienen zu ihm auf. Nach der Symbolik der Zisterzienser bedeuten Bienen nicht nur Fleiß, sondern auch Gelehrsamkeit, was mit den „hochgelahrten" Gesprächen auf der Stamser Alm des 19. Jahrhunderts in Einklang steht. Bernhard von Clairvaux wird häufig mit einem Bienenstock dargestellt und auch „doctor mellifluus" genannt – „honigfließender Lehrer". Oder sind die Bienen möglicherweise auch Andeutungen auf die zu erwartenden Stiche der Sühne?

Was aber wären schon ein paar Bienenstiche gegen die Strafe, die den Armen Frater Cölestin ereilte, weil er sich – so erzählt es die Sage – wegen Liebeskummer an einem Fensterkreuz im Almhaus erhängte und seitdem dort als Geistermönch lange Zeit in Vollmondnächten Brevier betend gangauf, gangab eilte. Ein abergläubischer Jagdgast, der um Mitternacht Schritte hörte – und das gehört jetzt nicht mehr zur Sage, sondern ist eine Episode aus dem wirklichen Leben – hat sich einmal dazu hinreißen lassen, mit dem Gewehr im Anschlag den rumorenden Geistermönch aufzuspüren. Er fand aber nur einen späten Besucher vor, der sich darüber entsetzte, bei seiner Ankunft im Almhaus in einen Gewehrlauf zu blicken. Der Geistermönch war wohl ebenso zu Tode erschrocken, denn mittlerweile geistert er nicht mehr herum, und wenn man des Nachts doch einen wandelnden Frater zu sehen bekommt, ist es wahrscheinlich ein echter Mönch auf Sommerfrische, der bei Vollmond nicht schlafen kann.

Kultplatz der Tiroler Jagd

Um Wirrungen und Verirrungen vorzubeugen, ist es jedenfalls gut, wenn der Abt seine Mönche immer im Auge behält. Und so führt von der Stamser Alm der „Prälatensteig" ein paar hundert Meter in Richtung Westen zu einem romantischen Plätzchen. Dort steht die „Prälatenbank", von wo aus man direkt auf das Stift Stams hinunterblicken kann, ohne dass ein Baum die Aussicht trübt. Eine hervorragende Aussicht erschließt sich von dort auch auf die Gebirgskulisse der Mieminger Kette und hinunter ins Inntal.

Die Prälatenbank eignet sich auch sehr gut zum Sinnieren und Nachdenken über die Welt. Wahrscheinlich sind an dieser Stelle, mit herrlichem Blick aufs Inntal, schon hochphilosophische Gespräche geführt worden, denn in den Jahren vor dem Ersten Weltkrieg haben auf der Stamser Alm in kleinem, familiärem Rahmen „Almsymposien" stattgefunden. Diese Gelehrtentreffen während der Almfrischen (Sommerfrischen) waren eine Art Vorläufer des „Forum Alpbach". Auf Einladung des kunstsinnigen und kulturinteressierten Abtes Stephan Mariacher trafen sich Historiker, Philosophen, Kleriker und sonstige Gelehrte, um über Tirol und seine Zukunft zu diskutieren. Ab 1996 versuchten die „Interventionen Stams" an diese Tradition anzuknüpfen.

Privatarchiv Hannes Weinberger:
Stamser Alm v. Perkhofer Martha, 1900

Vom Hochstand in der Nähe der Prälatenbank lässt sich gut nach Wild Ausschau halten und wenn man gute Augen hat oder einen so guten Feldstecher wie der Stiftsförster Hubert Wildauer, bekommt man einiges zu sehen. Adler zum Beispiel, die sich in einem der gegenüberliegenden Felsen ihren Horst gebaut haben, und sogar Steinböcke. Im Jahr 2004 wurde in der Stiftsjagd Stams Steinwild ausgesetzt, das sich bestens eingelebt hat. Nun hofft man, dass sich die Gruppe mit der Steinwildkolonie aus dem Sellraintal mischt und dadurch Inzucht vermieden wird. Hubert Wildauer, der 1800 Hektar Forst- und Almengebiet beaufsichtigt, erzählt mir, warum der Steinbock im 16. und 17. Jahrhundert im Alpenraum nahezu ausgerottet wurde. Er unterlag einer starken Bejagung, weil man glaubte, er liefere verschiedene Heilmittel. Außerdem galt er als Reittier der Berggeister und Hexen. Der Schweiß (Blut) sollte bei vielen Leiden helfen, z.B. gegen Blasensteine. Die pulverisierten Hörner wurden – als Aphrodisiakum genutzt – mit Gold aufgewogen und sollten gegen Krämpfe, Koliken und Vergiftungen helfen; Herz und Mark galten als ausgezeichnetes Stärkungsmittel. Die Bezoare (Tier- und Pflanzenhaarbälle im Pansen; Magenkugeln) waren Heilmittel gegen Ohnmacht, Schwindsucht, Gelbsucht, Pest und andere Krankheiten. Das „Herzkreuz" wiederum sollte unverwundbar machen. Das ist ein kleiner Knochen im Herzen des Steinbocks, der die Form eines Wegkreuzes hat. Viele Jäger glauben, dass das Tier daraus seine Kraft bezieht. So ein Herzkreuzl ist noch heute eine beliebte Trophäe, ebenso wie die Schwanzfedern (Stoßfedern), das sogenannte „Spiel" des Birkhahns, der sich ebenfalls im Gebiet rund um die Stamser Alm sehr wohl fühlt.

Die traditionsreiche Stamser Alm ist so etwas wie eine Kultstätte der Tiroler Jagd und lockt immer wieder hochrangige Jagdgäste aus Politik und Gesellschaft an, u.a. auch königliche oder zumindest fürstliche Hoheiten, aber nicht immer ging alles so nobel ab. Früher pirschten regelmäßig Wilderer durch das Gebiet. Hubert Wildauer, der auch die Aufsicht über das Forstgebiet des Benediktinerstiftes Fiecht hat, kennt viele Geschichten und Begebenheiten rund um die Stamser Alm und den Wallfahrtsort St. Georgenberg, einige davon erzählt er gemeinsam mit Pater Thomas Naupp in seinem Buch „Von Äbten, Fürsten, Jägern und Wildschützen".

lustigs gembsgejaid für den landesfürsten

Als „ein sonders lustigs gembsgejaid für den landesfürsten" bezeichnete Kaiser Maximilian I. das Jagen am Pirchkogel. Treiber hetzten damals die Gämsen vom Pirchkogel in die Irzwände oberhalb der Stamser Alm, um sie dort mit dem Gamsschaft aus den Wänden zu „fällen". Der Gamsschaft bestand aus einer bis zu sieben Meter langen Holzstange mit dem daran befestigten Tüllmesser. Kaiser Maximilian hat mit großer Wahrscheinlichkeit in seinem ganzen Leben allerdings nie einen Steinbock erlegen können – diese waren damals schon fast ausgestorben.

Viele solcher wahrer und erfundener Geschichten über Stams und die Stamser Alm finden sich im umfangreichen Privatarchiv von Hannes Weinberger aus Haslach bei Stams. Dem Künstler und begeisterten Hobbyhistoriker kann man stundenlang zuhören, wenn er erzählt, was sich auf der Alm so alles abgespielt hat. Hannes Weinberger weiß auch über eine der Stamser Prunkjagden Maximilians Interessantes zu berichten: „Am 24. und 25. Juli 1497 wurde in Stams zu Ehren der osmanischen Botschaftsdelegation eine zweitägige Schaujagd abgehalten, im Rahmen derer auch ein Hirsch nach ‚türkischer Art' mit dem Wurfspieß erlegt worden war. Maximilian strebte den Waffenstillstand und

Blick vom Prälatensteig auf das prächtige Almhaus.

Frieden mit Sultan Beyazit an und hatte über Vermittlung des Onkels seiner Frau Maria Bianca Sforza Kontakt mit den Osmanen aufgenommen. In Gegenwart hoher geistlicher und weltlicher Würdenträger hielt Kaiser Maximilian feierlich Audienz und ließ in italienischer, deutscher und lateinischer Sprache die Botschaften verlesen und austauschen. Nicht zuletzt durch diese Schaujagd in Stams kam ein Waffenstillstand zustande, der bis 1529 halten sollte."

Die übersteigerte Jagdlust Maximilians brachte allerdings auch große Belastungen für das Kloster und der Bauernstand litt unter der Jagdfron und den überhandnehmenden Wildschäden. Mit dem Tod des Kaisers entlud sich die aufgestaute Wut und „alles Wild wurde abgeschlachtet, wie es nur anzutreffen gewesen war." (Zitat: A. Baillie-Grohmann in der Einleitung zur Neuausgabe des Gejaidbuches von Kaiser Maximilian, Innsbruck 1900).

Darf die Seele hier einfach so baumeln?

Von der Stamser Alm aus könnte man den Predigtstuhl erklimmen – der Name des Berges ist nicht weit hergeholt – oder u.a. auf den Pirchkogel, Grieskogel, aufs Kreuzjoch und die Jochhütte weiterwandern. In Richtung Westen geht es hinüber nach Silz zur Engelhütte, die nach dem Tiroler Maler Hugo Engel (1852–1926) benannt ist. Er war ein Freund von Ludwig Ganghofer und hat einige seiner Bücher illustriert, außerdem war er viele Jahre Jagdpächter in Stams. Weil man aber ohnedies schon einen sehr weiten Weg zurückgelegt hat, empfiehlt es sich, zu rasten und eine gute Jause in der kleinen Jausenstation zu genießen.

Vom kulinarischen Angebot auf der Stamser Alm war auch ein Journalist begeistert, der im „Boten für Tirol und Vorarlberg" im Jahr 1884 eine Kritik über einige Tiroler Almen schrieb. Allerdings zeigte er sich – wohl vom beschwerlichen Aufstieg ermattet – nicht von allem Gebotenen so angetan. Er schrieb über die Stamser Alm: „... in Bezug auf die Küche thun es Praxmar und Kühtai ihr nicht gleich. Eine Tochter des Stamserwirtes leitet den Haushalt; es bietet sich Abwechslung in Gerichten von Rind- und Kalbfleisch sowie in Fastenspeisen; an Getränken findet man Kaffee, Wein, Brantwein, mitunter auch Bier; die Nähe des Innthales und der fast tägliche Verkehr mit Stams machen selbst die Erfüllung besonderer Wünsche leicht. Weniger Günstiges lässt sich wieder in anderen Richtungen melden. Das Trinkwasser verursacht dem nicht daran Gewohnten Diarrhöe. Die allernächste Umgebung zeigt sich im Osten als Sumpf und im Süden als steiniger Boden, während auf der Westseite ziemlich große Stallungen kaum erfreulich wirken. Bei schlechtem Wetter wüthen oft heftige Nordweststürme, sodass die Holzbestandtheile des Hauses krachen."

Der gute Mann hatte offenbar keinen Blick für die raue Schönheit der Stamser Alm. Denn schön ist es hier allemal, ein herrlicher Platz zum Entspannen. Aber darf man die Seele in einem derart hochgeistlichen Gebiet einfach so baumeln lassen? Warum nicht, haben doch die Mönche auch in dieser Hinsicht ein wegweisendes Motto: „Gottes Reichtum ist groß und es geziemt sich, ihn zu genießen."

Vor dem Genuss kommt allerdings die Arbeit. Die Ordensbrüder von Stift Stams haben bis in die frühen 1970er Jahre Landwirtschaft betrieben und die Stamser Alm mit eigenem Vieh bestückt, dann wurde die Land- und Almwirtschaft an Stamser Bauern verpachtet. Um die Alm, die noch immer im Besitz des Klosters ist, kümmert sich nun die Alm-

Die Besucher sind interessanter
als die schöne Aussicht.

interessengemeinschaft Stams. Ca. 150 Rinder, hauptsächlich Galtvieh, grasen auf den umliegenden Weiden. Sie finden hier auch Madaun (= Alpen-Mutterwurz, Mutterkraut, Gamskraut oder Bärenfenchel), das vor allem für Milchkühe wichtig ist, denn es ist ein besonders wertvolles Futtergras. Es fördert Milchleistung und Milchqualität, hilft bei Koliken und schützt vor Erkältungen durch nasses Futter. Einer alten Legende nach sollen Milchkräuter überall dort wachsen, wo die Milch der Hl. Maria auf die Erde tropfte. So gesehen bekommen die Malereien in der Almkirche zusätzliche Bedeutung.

Die sich auf der Alm im Löschteich tummelnden Bachforellen gehören weder den Bauern noch dem Stift, sondern dem Jagdpächter. Die Ordensbrüder müssen trotzdem nicht im Trüben fischen. Stift Stams besitzt viele reichhaltige Fischgewässer mit bester Wasserqualität von Telfs bis Imst. Damit man sich ebenfalls so munter wie ein Fisch im Wasser fühlt, noch ein Tipp: Das Wasser auf der Stamser Alm verursacht keine Diarrhöe, ihm werden sogar Heilkräfte zugesprochen. Also unbedingt noch zum Brunnen und ein paar Schlucke davon trinken – dann ist man gestärkt für den langen Rückweg und möglicherweise für ein Stück Lebensweg noch dazu.

Informationen

Lage: Die Stamser Alm auf 1873 m Seehöhe mit der schönen Barockkirche erreicht man von Stams aus in ca. 4 Stunden auf einem gut begehbaren Forstweg. Der Weg von Haiming (Sattele) aus über Faltegarten und Bärlehn ist kürzer – ca. 2 Stunden. Für den öffentlichen Verkehr und Mountainbikes ist der Forstweg zur Stamser Alm gesperrt, aber einmal im Jahr, zum großen Almfest, darf man mit Bike und Auto den Weg befahren.

Besonderheiten: Wenn man schon da ist, sollte man unbedingt auch Stift Stams besichtigen. Prächtig präsentiert sich der Innenraum der Kirche: Schöne Deckenfresken, Stukkaturen, schmiedeiserne Gitter, u.a. das bekannte Rosengitter in der Heilig Blut-Kapelle, sind zu bewundern. Weitere Glanzstücke von Stift Stams: der Bernardisaal und die „Prälatenstiege“. Die beeindruckende Bibliothek ist für die Öffentlichkeit leider nicht zugänglich, aber man kann sich mit feinen Mitbringseln aus dem Klosterladen darüber hinwegtrösten.

Verpflegung: Auf der Jausenstation der Stamser Alm gibt es vorzüglichen selbst gemachten Graukäse aus der Milch von Graukühen (dieser magere Sauermilchkäse kann aber auch aus Milch von braunen oder gefleckten Kühen hergestellt werden), dazu selbstgemachte Butter und frisches Brot. Auch eine Gulaschsuppe oder eine Brettljause wird hier kredenzt. Das frische Bergquellwasser gibt es gratis beim Brunnen.

Kühe im Wald – Elefanten im Porzellanladen?

Der Weg auf eine Alm führt meistens durch schöne Wälder. Das ist vor allem an heißen Sommertagen sehr angenehm. Wälder sind aber nicht nur zum Schattenspenden da, sondern übernehmen wichtige Schutzfunktionen. Weidende Kühe nehmen darauf wenig Rücksicht. Sie trampeln den Waldboden nieder und damit auf den Schutzbestimmungen herum. Diplomingenieur Roman Burgstaller von den Österreichischen Bundesforsten ist u.a. für Weidefragen zuständig für das Tiroler Oberland, kennt sich als gebürtiger Unterländer aber im Zusammenspiel zwischen Almen und Forst in ganz Tirol bestens aus.

Alm- und Forstwirtschaft – kommen die beiden gut miteinander aus?

Roman Burgstaller: Sie sind unabdingbar miteinander verbunden, also sollten sie gut miteinander auskommen. In den meisten Fällen ist das auch so. Aber es gibt natürlich Konfliktpunkte, zum Beispiel, wenn auf einer Alm zu wenig Reinweidefläche vorhanden ist und die Kühe im Wald grasen müssen. Die Bauern denken an ihre Kühe, unsere Aufgabe ist es in erster Linie, den Wald in gutem Zustand zu halten. Grasende Kühe betreiben aber keine gute Waldpflege, im Gegenteil. Durch ihr Gewicht stampfen sie den Boden nieder, es kommt zu Vertritt-Schäden an Baumwurzeln. Durch die Wunden dringen Fäulniserreger ein, was den Bäumen massiv schadet. Damit ein Wald nicht zu viel Schaden erleidet, müssen gemeinsame Lösungen von Alm- und Forstwirtschaft gefunden werden.

Welche Lösungen streben die Bundesforste in solchen Fällen an?

Roman Burgstaller: Es gibt Almen, da ist die Waldweide ein verbrieftes Recht und das muss den Bauern selbstverständlich zugestanden werden. Aber Rechte bedeuten auch Pflichten. Früher war das „Abhirten" von Forstkulturen gebräuchlich. Das heißt, die Hirten haben die Kühe immer wieder von den jungen Waldflächen bzw. Forstkulturen auf die offene Weide hinausgetrieben. Heute fehlt dazu meistens das Personal. Also ist es am besten, wenn die Waldweidefläche eingezäunt wird, damit die Kühe dem jungen Wald nicht allzu viel Schaden zufügen.
Die Österreichischen Bundesforste unterstützen die Bauern durch Vergrößern der Reinweideflächen, das heißt, wir stellen ihnen gerodete Flächen als Weideland zur Verfügung. Wenn man z.B. von Achenkirch nach Steinberg fährt, sieht man viele solche von uns gerodeten Flächen. An die 70 Hektar Wald wurden dort zu Rinderweiden umfunktioniert und den berechtigten Landwirten – in diesem Fall der Unterberger Heimweide – zur Verfügung gestellt. Der Grund und Boden bleibt aber weiterhin bundesforstlich.

Sind Kühe im Wald Elefanten im Porzellanladen oder gibt es durch Beweidung auch Vorteile für den Wald?

Roman Burgstaller: Natürlich hat eine dosierte Beweidung im Wald auch Vorteile. Zum Beispiel kann das Kleinhalten der Bodenvegetation neuen Baumkeimlingen den Weg freihalten und damit die Waldverjüngung fördern. Tatsache ist aber leider, dass bei uns die Waldweide so hoch ist, das heißt, es stehen so viele Rinder im Wald, dass es mit einer dosierten Waldweide nichts mehr zu tun hat. Es wird ja jeder einzelne Grashalm im Wald gebraucht, um die Kühe zu versorgen und über den Sommer zu bringen. Dabei überwiegen die negativen Folgen wie Bodenverdichtung, Schaffung von Ausgangspunkten für Bodenerosion durch Bodenvertritt, Verletzung der jungen Bäumchen und Abfressen der Baumkeimlinge, sodass keine Verjüngung hochkommt.

Haben die Bundesforste Kenntnis von den Weiderechten der einzelnen Bauern und Almbesitzer?

Roman Burgstaller: Die Österreichischen Bundesforste besitzen die alten (Servituts-) Einforstungsurkunden, die zum Teil noch aus kaiserlicher Zeit stammen und die Weiderechte der bäuerlichen Bevölkerung reglementieren. Darin ist festgelegt, wie viele Tiere eines Bauern wo weiden dürfen. Meistens sind diese Rechte auf ein Hofgut geschrieben und dürfen nicht anderweitig vererbt werden. Wenn ein Hofgut keinen Bedarf mehr an Alm- und Weiderechten beansprucht, kann der Antrag auf Ablöse entweder durch Geld oder durch eine Neuregelung gestellt werden. Die Agrarbehörden müssen zum Schutz der Bauern der Ablöse zustimmen. Wir sind verpflichtet, die Möglichkeit einer Almwirtschaft zuzulassen, und können nicht sagen, uns wäre hier ein Stück Wald lieber. Und warum sollten wir das auch tun. Wir wollen weder Jagdbestände noch Weideland vernichten, sondern die verschiedenen Nutzungsinteressen in gut funktionierenden Organisationsformen zusammenbringen.

Forst und Jagd gehen wahrscheinlich nicht immer so problemlos konform. Wie kommen denn Kühe und Wild miteinander aus?

Roman Burgstaller: Was die Jagd betrifft, sage ich jetzt lieber nichts, und was das Wild betrifft, so kommt es darauf an, um welche Art Wild es sich handelt. Ich sah einmal im Gaistal in der Leutasch am frühen Morgen, als sich der Nebel gelichtet hat, Kühe und Hirsche friedlich nebeneinander grasen. Die Hirsche standen mitten in der Kuhherde. Das war ein sagenhafter Anblick. Dem Rot- und Rehwild kommen die Reinweideflächen der Kühe zugute. Kühe fressen das Gras so kurz ab wie auf einem Golfplatz. Es wächst dort im Frühling und Herbst frisches, zartes Gras nach, was wiederum für Hirsche und Rehe eine Leckerbissenäsung ermöglicht.
Schafe und Stein- und Gamswild vertragen sich nicht so gut, aber sie gehen sich ohnedies aus dem Weg. Bei den Schafen besteht die Gefahr, dass sie Krankheiten wie z.B. die Moderhinke übertragen. Deswegen werden sie meistens beim Almauf- und -abtrieb durch Desinfektionsbäder geschickt.
Das Birkhuhn wiederum liebt die lichten Waldplätze, die durch Beweidung entstehen. Durch starke Beweidung verliert der Wald seine natürliche Wachstumsdynamik, es wachsen keine jungen Bäume nach, die alten Bäume werden in den Kronen lichter und am Boden sind dann unter anderem Pflanzen wie die Heidelbeere anzutreffen. An solchen Plätzen hält sich das Birkhuhn gerne auf und die Jäger wissen das natürlich.

Wie lange braucht ein sterbender oder gefährdeter Wald, bis er sich wieder regeneriert?

Roman Burgstaller: Es kommt auf das Ausmaß der Schäden an und wodurch die Schäden entstanden sind. Auch das Waldsterben durch den Klimawandel ist ja nach wie vor ein Thema, obwohl es in den Medien nicht mehr einen derartigen Niederschlag findet, wie zum Beispiel in den 1980er Jahren, als diesbezüglich ein regelrechter Hype ausgebrochen ist.
Mit der Natur braucht man jedenfalls Geduld. Da hegt und pflegt man einen Wald zehn Jahre lang und hat die ganze Zeit das Gefühl, es geschieht nichts, dann bricht plötzlich das große Wachstum aus. Es dauert einfach so lange, bis sich die Mikroorganismen im Boden erholt haben und der natürliche Wachstumskreislauf wieder stattfinden kann. Und in kargem, verkarstetem Gebiet, wo wenig Humus zur Verfügung steht,

kommt überhaupt kein Wald mehr hoch, wenn er, aus welchen Gründen auch immer, einmal vernichtet wurde. Das „bisschen" Boden kann sich ohne den Wald nicht halten und wird durch Wind und Wasser abgetragen.

Den Bauern und Almbewirtschaftern ist die Pflege des Waldes sicher ebenso ein Anliegen?

Roman Burgstaller: Davon kann man ausgehen. Mit den meisten gibt es auch keine Schwierigkeiten. Manche aber überreizen ihre Rechte, indem sie zum Beispiel zu viele Tiere auf der Alm beherbergen oder die Waldweiden trotz anderer Weidemöglichkeiten überstrapazieren. Vor allem in steilen Gegenden ist das sehr problematisch. Der Wald hat auch eine Schutzfunktion, die gesetzlich geregelt ist, und wir sind dazu da, diese Schutzfunktion des Waldes zu erhalten. Wenn das nicht geschieht, weiß man ja, was passiert, dann drohen vermehrt Murenabgänge oder Lawinenbildungen. Wenn der Wald seine Schutzfunktion nicht mehr erfüllt, kann sich das in einem Land wie Tirol katastrophal auswirken.

Gröbere Waldschäden erkennt auch der Laie, woran erkennt man einen gesunden Wald?

Roman Burgstaller: Ein gutes Zeichen sind Flechten an den Bäumen. Flechten reagieren sehr sensibel auf Umweltbedingungen. Wo sie wachsen, kann man davon ausgehen, dass die Luftqualität in Ordnung ist. Es gibt aber auch gesunde Wälder, die einfach nur überaltert sind, wie es zum Beispiel in den Nördlichen Kalkalpen der Fall ist. Diese Wälder können ihrer Schutzfunktion mit der Zeit nicht mehr gerecht werden. Das wird sicher in den nächsten 50 bis 100 Jahren für uns ein Problem werden. Es ist schwierig, solche alten Wälder zu verjüngen oder aufzuforsten. Damit die jungen Pflänzchen hochkommen und wachsen können, brauchen sie Licht. Dazu müssen mancherorts die alten Bäume weichen. Die Bevölkerung hat dafür nicht viel Verständnis, die Leute meinen, wir sollen den armen Wald in Ruhe lassen. Aber ein gut überlegtes Eingreifen ist vielfach nötig. Wir können der Natur nicht die ganze Arbeit allein überlassen.

28. Juli
Möslalm, Innsbruck

Kein Ort für Softies

Viele Almbesucher strampeln sich ganz schön ab für einen ausgezeichneten Graukäse. Sie fahren zum Beispiel elf Kilometer mit dem Mountainbike von Scharnitz aus zur Möslalm oder pilgern zweieinhalb Stunden zu Fuß diese Strecke. Nun ja, der Käse allein ist es natürlich nicht, der jeden Sommer so viele Menschen hierher lockt, aber er ist doch ein starkes Argument. Das zweite starke Argument ist die Natur. Um sie zu beschreiben, muss man Anleihen aus dem Fremdenverkehrsprospekt entnehmen: Dunkle Wälder, wilde Bäche, schroffe Felsen und tiefe Schluchten umgeben die Möslalm im mittleren Gleirschtal im Karwendel auf 1252 Meter. Die Alm liegt an den nördlichen Abhängen der Innsbrucker Nordkette, hinter der Alm ziehen die Hänge hinauf zur steinernen Wächterin Frau Hitt, und auch auf der gegenüberliegenden Seite richten die Felsen sofort den Blick nach oben, die Schrofen des Katzenkopfs zum Beispiel, der sich, so nah gesehen, zu mächtiger Größe auftürmt.

Wunderschön, aber kein Ort für Softies. Ein solcher ist Josef Kircher, der Pächter und Senner der Möslalm, sicher nicht: Bärenstark schaut er aus, mit großen Händen, die bei der Arbeit richtig zupacken können. Einen anderen könnte man hier auch nicht gebrauchen, meint er selbstbewusst. Kein Zweifel, die Möslalm braucht einen Profi, ein Hobbyhirte mit romantischer Aussteigerphilosophie als Arbeitsgrundlage wäre hier verloren. Das Almleben ist kein Urlaub. Während die Gäste die umliegenden Gipfel bewundern oder von ihren Bergtouren schwärmen, denkt Josef Kircher schon wieder an seine Arbeit. Er hat noch keinen der umliegenden Gipfel bestiegen, er besteigt überhaupt keine Berggipfel, er hat den Sommer über Wichtigeres zu tun.

Ausgezeichneter Graukäse

3500 Hektar groß ist das Almgebiet, das er zu betreuen hat, ca. 200 Kühe und 30 Schafe grasen auf den weit verzweigten Weiden, die sich nach allen Himmelsrichtungen über das riesige Gelände verteilen. Vier bis fünf Stunden ist er manchmal unterwegs, um das Vieh unter Aufsicht zu halten. „Wer hier nicht aufgewachsen ist, würde oft nicht mehr zurückfinden, wenn er nach den Kühen sehen muss", sagt der Senner, der bereits im Alter von fünf Monaten mit seinen Eltern den ersten Sommer auf dieser Alm verbracht hat. Seit nunmehr fast 80 Jahren und mittlerweile in dritter Generation wird die Möslalm, die der Stadt Innsbruck gehört, von Josef Kirchers Familie bewirtschaftet.

Josefs Frau Birgit ist u.a. für die Küche zuständig, was bei den vielen Gästen, die vor allem am Wochenende kommen, neben vorzüglichen Kochkünsten auch große Managementqualitäten erfordert. Für die ehemalige Sekretärin war das Almleben eine große Umstellung. Birgit hat noch Zeiten ohne jeglichen Komfort auf der Alm miterlebt. Als es noch kein Stromaggregat gab, musste sie sich die Haare vor dem Ofen trocknen, jetzt funktioniert nicht nur der Haarföhn, es gibt mittlerweile sogar ein Telefon.

„Trotzdem sind wir hier sehr weit weg von der Stadt", sagt Josef Kircher und in seinen Worten schwingt Genugtuung mit. Er ist durchaus für Modernisierungen zu haben, aber nicht immer gut auf die Herren Kontrolleure bzw. die Gesetzgeber zu sprechen, die zum Teil altbewährte Methoden durch fragwürdige Neuerungen ersetzen wollen. Aber dem Druck muss man sich beugen. Seit die Küchenabfälle nicht mehr an die Schweine verfüttert werden dürfen, werden auf der Möslalm keine Schweine mehr gehalten, und die Modernisierung der Käserei, die das Marktamt wegen der neuen Hygienevorschriften dringend empfahl, musste im Jahr 2008 ebenfalls umgesetzt werden. Im Großen und Ganzen gesehen war das allerdings ein Vorteil. Der bisher 200 Liter fassende Käsekessel wurde durch einen 600-Liter-Kessel ersetzt und alles glänzt jetzt neu und superhygienisch.

Pächter und Senner Josef Kircher in seiner Käseküche.

Auch mit der neuen Wurzelkläranlage, welche die Abwässer der Alm ohne jeden Zusatz von Chemie reinigt, hat Josef Kircher Freude. Dass man den Graukäse auf Aluminiumunterlagen und nicht mehr auf Holzbrettern lagern soll, sieht er allerdings als kontraproduktiv. Holz saugt die austretende Flüssigkeit auf, die Aluminiumunterlage hinterlässt Flecken am Käse. Man muss eben immer den richtigen Mittelweg zwischen Vorschrift und Eigenverantwortung finden, wenn etwas Gutes herauskommen soll.

Von Anfang Juni bis Ende September werden auf der Möslalm täglich bis zu 600 Liter Milch zu Graukäse verarbeitet. Die Frage drängt sich auf: Kann Josef Kircher seinen Käse überhaupt noch riechen, geschweige denn essen? „Wenn das nicht der Fall wäre, müsste ich sofort aufhören, ihn zu machen“, sagt er. „Ich mag ihn noch immer für mein Leben gern. Und zwischendurch esse ich ja auch etwas anderes.“

Heimfahrt im Karwendeltaxi

Mit Erfolg betätigt sich Josef Kircher ebenso als Viehzüchter, seine Zuchtkühe erhalten regelmäßig Preise. Er mag die Tiere, behandelt sie gut, aber mit der nötigen Strenge, sodass sie Respekt vor ihm haben. Notfalls packt er schon einmal eine störrische Kuh bei den Hörnern. Er hat sich auch nach dem tragischen Unfall seines Vaters mit tödlichem Ausgang nicht die Schneid abkaufen lassen. Am letzten Tag eines Almsommers vor ein paar Jahren wurde dieser von einer Kuh niedergerempelt und brach sich beim Sturz das Genick. Ein großer Gedenkstein neben der hauseigenen Kapelle erinnert an das Unglück.

An solche Dramen denken die Gäste nicht, wenn sie auf der gemütlichen Terrasse der Möslalm in der Sonne sitzen und sich z.B. einen Kaiserschmarrn schmecken lassen oder darüber lachen, wenn eine ansonsten friedliche Kuh sich an einem verschwitzten, am Zaun zum Trocknen aufgehängten Leiberl eines Mountainbikers zu schaffen macht, weil sie das Salz ablecken will. Die Mountainbiker wiederum lachen, wenn sie sich auf ihre Räder schwingen und den langen Weg durchs Tal bequem hinausrollen können, während die Wanderer, insofern sie nicht eine in andere Karwendeltäler führende Bergtour geplant haben, die elf Kilometer wieder nach Scharnitz zurückmarschieren müssen.

Ein Weg, dessen Reize allerdings durchaus geeignet sind, sie doppelt zu genießen. Entlang des Gleirschbaches und hoch über der Isarschlucht eröffnen sich sagenhaft schöne Aussichten auf die silbern schillernden oder türkisfarbenen Wildgewässer. Die Isar hat ihren Ursprung im Hinterautal, talauswärts vor der Kastenalm, wohin man ebenfalls auf einem schönen Forstweg radeln oder wandern kann. Im Frühsommer, wenn die Isar viel Schmelzwasser führt, lassen sich Kanufahrer oder Paddler beobachten. Die Isarufer werden auch gern an heißen Tagen von Badeausflüglern belagert.

Auf der Terrasse der Möslalm
sitzt man sehr gemütlich.

Wem der Weg von der Möslalm zurück nach Scharnitz zu weit ist, ruft am besten das Karwendeltaxi. Das nehmen sich heutzutage gewissermaßen auch die Kühe, wenn sie am Beginn des Sommers in LKWs auf die Möslalm und am Ende des Sommers von dort wieder wegchauffiert werden.

Früher war das anders, da mussten sie auf dem Rückweg zu ihren Höfen noch die langen, beschwerlichen Strecken auf allen Vieren marschieren, zum Beispiel über Scharnitz-Seefeld oder über die Arzler Scharte, da die Möslalm ja hauptsächlich von Bauern aus der Innsbrucker Umgebung genutzt wurde und wird. Das haute manchmal die stärksten Kühe um, sie brauchten dann zuerst einmal Erholung und waren für das Almabtriebsschaulaufen auf dem letzten Teil der Strecke nicht mehr zu gebrauchen. Allerdings erholten sie sich wegen ihres guten Sommertrainings schnell. Die Möslalm war eben nie ein Ort für Weichlinge und wird es trotz aller Modernisierungen auch in Zukunft nicht sein.

Informationen

Lage: Die zu Innsbruck gehörende Möslalm im Karwendel auf 1252 m erreicht man am besten von Scharnitz aus; in der Nähe der Kirche gibt es einen großen, gebührenpflichtigen Parkplatz. Der Weg führt von hier aus entlang der Isar hinein in die Karwendeltäler. Gehzeit ca. 2 ¼ Stunden, Rückweg 1 ¾ Stunden; Länge 11 km; Höhenunterschied 291 m.

Besonderheiten: Hervorragender Ausgangsort für schöne Karwendeltouren, zwei Zimmer zum Übernachten und ein Matratzenlager stehen auf der Möslalm im Sommer zur Verfügung. Beliebtes Ziel auch für Mountainbiker.

Verpflegung: Die Möslalm ist für ihren ausgezeichneten Graukäse und den guten Kaiserschmarrn bekannt.

30. Juli
Farnkaseralm, Auffach

Zarte Gräser und Farnbüschel

Die Adresse steht auf rostigen Tafeln über der Eingangstür: 112, Farnkaseralm. „Aber bis jetzt wurde uns noch nie die Post hier herauf gebracht", scherzt Kristel Silberberger. Es wäre ja auch etwas umständlich: Der Postmann hätte entweder einen mehr als einstündigen Aufstieg von der Schönangeralm zu bewältigen oder er müsste das Postauto über Gebühr strapazieren, denn der Forstweg, der zur Farnkaseralm führt, ist eher für geländegängige Fahrzeuge geeignet. Da Kristel und Robin Silberberger ihre Winterwohnung in Auffach haben, wird die Post dorthin gebracht. Alle paar Tage schaut jemand von der Familie nach, ob Wichtiges dabei ist, aber wenn einmal etwas länger liegen bleibt, macht es auch nichts. So dringend wird es schon nicht sein. Auf der Alm herrscht ein anderes Zeitmaß, man lässt sich nicht von bürokratischen Vorgaben gängeln. Hier gibt die Natur den Takt vor.

Das ist es auch, was Robin Silberberger, der die Farnkaseralm von einem Onkel gepachtet hat, am Almleben so gefällt. Er ist nun bereits seit über einem Jahrzehnt jeden Sommer hier oben und hat seinen eigenen Arbeitsrhythmus gefunden. Diesen lässt er sich auch von althergebrachten Traditionen nicht durcheinander bringen. Obwohl die meisten Sennerinnen und Senner auf den Almen ringsum schon um halb vier oder spätestens fünf Uhr morgens auf den Beinen sind, schläft Robin bis halb sieben und beginnt dann gut gelaunt sein Tagwerk. Die Milchkühe stört der eher späte Arbeitsbeginn nicht, im Gegenteil. „Sie grasen früh am Morgen und lassen sich genau wie ich nicht gern beim Frühstück stören", sagt er. „Wenn sie dann satt sind, kommen sie von selber zum Stall und wir legen mit dem Melken los."

Trotz der vielen Arbeit verläuft auf der Alm vieles entspannter als im Tal, auch der Familienalltag. Eva und Elisa, die beiden kleinen Töchter von Kristel und Robin, fühlen sich hier sichtlich wohl, auch wenn ihnen kein inszenierter Abenteuerspielplatz mit vielfältigen Attraktionen zur Verfügung steht, wie er mittlerweile auf vielen Tiroler Ausflugsalmen zu finden ist. Die hübsche Farnkaseralm mit den alten Hütten und Scheunen aus Holz auf 1519 Meter Seehöhe ist klein und nicht auf den Besuch einer großen Gästezahl ausgerichtet, bloß 20 Personen haben Platz, diese haben es hier aber umso gemütlicher.

Niederländische Gäste freuen sich immer ganz besonders, wenn sie hier auf Besuch sind, auf der Farnkaseralm wird nämlich perfekt holländisch gesprochen. Kristel ist Holländerin und hat das Leben in der Amsterdamer City gegen das Leben auf einer Tiroler Alm eingetauscht. Sie würde nicht zurücktauschen wollen, obwohl das Leben auf der Alm zwar Ungezwungenheit, aber nicht viel Bequemlichkeit bietet. Mit den kleinen Kindern braucht es eine gute Organisation, weil man ja nicht wegen jeder Kleinigkeit ins Tal fahren will und kann, aber mittlerweile hat sich alles bestens eingespielt.

Köstliches Almfrühstück

Kristel und Robin haben lange überlegt, ob sie eine Jausenstation auf der Alm führen sollen, und haben sich dafür entschieden, weil die Alm die Familie ernähren muss, außerdem sind die Silberbergers sehr gesellige Leute und freuen sich über Besuch. So haben sie 2008 damit begonnen, ein „Almfrühstück" zu servieren. Die Gäste melden

Das Galtvieh weidet einen Stock höher auf der Seefeldalm.

sich einen Tag vorher an und spazieren dann frühmorgens vom Tal herauf, um den Tag bei einer genüsslichen Mahlzeit mit herrlicher Aussicht zu beginnen. Für Almneulinge macht Robin auch gern eine kleine Führung, erzählt von seiner Arbeit und lässt sich beim Melken zuschauen. Das sieht alles sehr romantisch aus, aber die Alm sei auch, wie Robin sagt, ein „Luderort", weil sie abschüssig und deshalb gefährlich für die Tiere ist. Bis zum dazugehörigen Hochleger, der Seefeldalm auf 1946 Meter, wo das Galtvieh weidet, geht es ca. eine Stunde steil bergauf. Das ist weder vieh- noch knieschonend. Im bildschönen, aber zum Teil unwegsamen Gelände rund um die Seefeldalm – übrigens ein beliebtes Skitourengebiet – stürzt fast jedes Jahr ein Kalb ab. Zum Glück geht die Sache meistens glimpflich aus und den bergerfahrenen Kühen passiert das ohnedies nicht mehr.

Früher spürte Robin vor allem den Abstieg zurück zur Farnkaseralm in den Kniegelenken, aber er wusste sich zu helfen. Jetzt knattert er den schmalen Bergsteig auf die Seelfeldalm mit seiner Trial-Motocross-Maschine über Stock und Stein hinauf und hinunter. Das erfordert große Geschicklichkeit. „Die ersten Male bin ich nicht heraufgekommen, aber mit der Zeit ging es dann", sagt er.

Wer den Weg von der Farnkaseralm hinauf zum Plateau der Seefeldalm nicht täglich zurücklegen muss, kann sich beim Aufstieg Zeit lassen und die Ausblicke auf die beeindruckende Bergwelt genießen mit den Gipfeln Lämpersberg, Kleiner Beil und Großer Beil. Letzterer ist mit 2309 m der höchste Berg der Wildschönau. Geht man den Weg weiter übers Joch, gelangt man hinüber nach Alpbach. Aber es zahlt sich aus, ein bisschen auf der Seefeldalm zu verweilen. Obwohl als reine Zweckgebäude gebaut, sind die alten Steinhäuser eine Sehenswürdigkeit. Sie wurden in Trockenbauweise errichtet. Das Handwerk des Trockenmauerns droht heute in Vergessenheit zu geraten und auch die Ausbesserungsarbeiten sind schwierig zu bewerkstelligen, aber Robin bemüht sich, alles so gut wie möglich in Schuss zu halten. Als gelernter Tischler kümmert er sich auch um den Innenausbau der Wohnhütten. Er hat für das Wohnhaus auf der Seefeldalm eine hübsche Stube gezimmert. Wer in dieser Höhe übernachten muss – zeitweise wohnt ein Aushilfshirte hier oben –, muss sich gemütlich einkuscheln können. Es kommt vor, dass der Hirte an einem Sommermorgen aus dem Fenster schaut und die Kühe Schnee auf dem Rücken haben.

Ca. 100 Stück Vieh hat Robin, der die Landwirtschaftsschule in Rotholz besucht hat und schon in den Schulferien regelmäßig als Hirte arbeitete, jeden Sommer zu versorgen. Das Almgebiet selbst ist 250 Hektar groß und landschaftlich sehr reizvoll. Die vielen hübschen Farne sind auf der Farnkaseralm allerdings nicht überall erwünscht. Zum Schwenden braucht Robin Hilfe, das kann er nicht allein bewerkstelligen. „Aber diese Arbeit graust leider jeden", sagt er. Getan werden muss sie trotzdem, sonst wächst alles zu und das saftige Almgras verschwindet. Das wäre schade, denn das Futtergras auf der Farnkaseralm ist besonders qualitätvoll – „sauguat" eben, wie Robin schwärmt. Seine Kühe würden zustimmen, wenn sie könnten. So kauen sie einfach nur vor sich hin – bedächtige Genießerinnen, wie Kühe eben sind.

Die Milchkühe bleiben untertags im Stall.

Abschied in der Gru-Nacht

Wo den Sommer über so viel und tüchtig gearbeitet wurde, gibt es auch Grund zum Feiern. Die Farnkaseralm ist ein typischer Treffpunkt für die „Gru-Nacht", der letzten Nacht der „Almerer" und der Tiere auf der Alm. Dann treffen sich die Almbauern zu einem gemütlichen „Hucker" und genießen das Beisammensein mit einem kräftigen Essen wie zum Beispiel dem „Melchermus", das in einer eigens nur dafür verwendeten Eisenpfanne aus Milch, Mehl, Salz und Butter über dem offenen Feuer zubereitet wird. Das Wort „Gru-Nacht" bezeichnet übrigens eine Nacht mit gestörter Nachtruhe. Gru kommt von mittelhochdeutsch „grannen", was gleichbedeutend ist mit weinen und jammern. Inzwischen wird das Wort auch für jene Nächte verwendet, in denen die Ruhe durch Festlichkeiten gestört wird.

Geweint und gejammert wird bei der almerischen Gru-Nacht keineswegs, die Nachtruhe wird vielmehr durch fröhliches Singen und Musizieren hinausgezögert, bevor am nächsten Tag der Almabtrieb beginnt und auch Robin, Kristel, Eva und Elisa Abschied von der Alm nehmen müssen. Ein wenig Jammer und Melancholie ist dann doch mit dabei, wenn es ins Tal hinuntergeht, aber als geprüfte Skilehrer wissen Robin und Kristel den Winter durchaus zu schätzen. Und danach kommt ja zum Glück wieder ein Sommer auf der Alm.

Informationen

Lage: Die Farnkaseralm liegt auf 1519 m Seehöhe in der Wildschönau, Auffach/Schönanger. Parkmöglichkeiten gibt es unterhalb der Schönangeralm. Neben der Brücke über die Wildschönauer Ache führt der Weg zu Farnkaseralm. Der Aufstieg dauert bei normalem Tempo ca. 1 bis 1 ½ Stunden.

Besonderheiten: Melkzeit ist von 07:30 Uhr bis 08:30 Uhr, danach kann man ein herrliches Almfrühstück genießen. Anmeldung bis 12:00 Uhr am jeweiligen Vortag erforderlich. Unbedingt sehenswert sind auch die alten Steinhäuser des Hochlegers Seefeldalm. Über die Farnkaseralm führt ein schöner Rundwanderweg (Start bei der Brücke unterhalb der Schönangeralm, Auffach).

Verpflegung: Das Angebot ist einfach, aber gut: Man genießt Getränke, frische Milch, Käse- und Speckbrot in Gesellschaft einer sehr sympathischen Familie.

8. August
Gampernunalm, Flirsch

Gebullte Kraft auf der Weide

Während der Sommermonate eine Wanderung auf die Flirscher Gampernunalm zu unternehmen ist nicht ratsam. Sie ist nämlich die letzte noch betriebene Tiroler Stieralm und es könnte passieren, dass man sich plötzlich auf einer Weide inmitten von geballter – oder sollte man besser sagen gebullter? – Kraft befindet. Ich beschließe also, mit dem Auto die Forststraße zur Alm hinaufzufahren. Mein Auto ist klein und rot. Könnte das gefährlich werden? Aber Franz Hiesel, Obmann der Almgenossenschaft „Gerichtskasse Landeck" und gleichzeitig Hirte auf der Gampernunalm, beruhigt mich. Farbe sei Stieren eher gleichgültig. Die Kampfstiere in Spanien seien auf das rote Tuch konditioniert, das Vorurteil über die vermeintliche Reizfarbe Rot könne aber auch darin begründet liegen, dass Stiere auf den Geruch von Blut aggressiv reagieren. Außerdem – und das ist der Punkt, der mich dann tatsächlich einigermaßen beruhigt – weiden die Stiere auf der Gampernunalm in ausreichendem Abstand zur Almhütte.

Auf der Alm angekommen, bin ich zuerst einmal von der sagenhaften Aussicht auf die umliegenden Berge überwältigt. Aber wo sind die Stiere? „Na, da droben!“, sagt Franz und zeigt auf die angrenzenden Weiden. Mit seinem geschulten Blick hat er sie auch aus weiter Entfernung alle im Blick bis auf jene, die sich hinter dem Bergrücken auf der Hochalm, dem „Bergli“ aufhalten. Später werden wir ihnen einen Besuch abstatten, aber vorerst gibt es ein köstliches Mittagessen von Franz Hiesels Frau Maria. Sie ist mit mir heraufgefahren und hat bei meinem Auto als erstes die Größe des Kofferraums inspiziert: „Ja, das dürfte reichen!“, hat sie gemeint und wir haben eine Fuhre eingepackt, mit der man eine halbe Kompanie verköstigen könnte: Käseknödelsuppe, Hirschgulasch mit Spatzeln, Kartoffeln und Blaukraut und für die Nachspeise zwei große Lagen hausgemachte Kiachl mit exzellenter Feigenfüllung.

Hätten wir den Besuch bei den Stieren bereits hinter uns, würde ich gern nochmals zulangen, aber jetzt habe ich ein nervöses Grummeln im Bauch. Damit bin ich nicht die einzige, denn als wir zur Stierweide hinaufspazieren, merkt man die Unruhe auch bei den Tieren. Sie registrieren sofort, wenn fremder Besuch ins Revier kommt. Stiere sind in jeder Hinsicht Gewohnheitstiere, alles Unerwartete irritiert sie. Deshalb achtet Franz darauf, dass seine Kleidung immer gleich aussieht, um die Stiere nicht durch optische Vielfalt zu reizen.

Stiere sind Gewohnheitstiere

Franz ist selber von seiner Statur her ein bulliger Typ, vielleicht respektieren ihn die Stiere deshalb, aber er hat auch Respekt vor ihnen und würde niemals leichtsinnig mit ihnen umgehen. Deshalb nähert er sich ihnen langsam und ruhig. Ich halte mich vorerst in sicherer Entfernung. Doch was ist eine sichere Entfernung? Das kommt auf den Stier an, meint Franz. Die meisten sind gutmütige Wesen, erklärt er, aber jeden Sommer seien zwei oder drei sehr aggressive dabei, wobei grundsätzlich keinem Stier über den Weg zu trauen sei. Irgendwann könne jeder seine unangenehme Seite herauskehren. Eine Charakterstudie zum Kennenlernen ist deshalb sehr hilfreich. Sofort bei Ankunft der Stiere auf der Alm inspiziert Franz alle Stiere ganz genau, um aufschlussreiche Informationen über sie zu bekommen. Der psychologische Test beginnt mit einem tiefen Blick in die Augen: Rollt der Stier sie eher sanft oder bedrohlich? Der zweite prüfende Blick gilt den Bauern, wenn sie sich von ihren Stieren verabschieden. Springen sie schnell zur Seite und bringen sich in Sicherheit oder reicht es noch für ein gelassenes Kraulen?

Das Kraulen mögen manche Stiere ganz gern, vor allem – ja, man muss es so sagen – am Beutel. Einmal hat Franz mit diesem Trick einen Stier überlistet, der sich von den Bauern drei Stunden lang nicht einfangen ließ. Er pirschte sich leise von hinten heran, dann ein sachtes Kraulen, der Stier hob überrascht oder gar entzückt den Kopf und schon konnten ihn seine Besitzer an die Stange nehmen, das heißt, sie konnten die Leitstange, die den Stier auf Abstand hält, an seinem Nasenring festmachen.

Soll man sich hier weitertrauen?
Ein Stück bis zur Hütte geht's noch.

Aral ist ein schöner schwarzer Stier von angenehmem Charakter, er hat möglicherweise nichts dagegen, dass ich näherkomme, um ein Foto von ihm und Franz zu machen. Franz tätschelt ihm beruhigend den Kopf und der Stier lässt sich das gern gefallen, aber ganz wohl zumute ist weder dem Stier noch mir. Wenigstens kann er mich nicht auf die Hörner nehmen, er hat nämlich keine mehr. Zuchtstieren werden die Hörner abgenommen, damit das Decken nicht allzu riskant vonstatten geht. Langsam komme ich näher, aber als Aral mich anschnaubt, trete ich sofort den Rückzug an. „Schnell verscheucht, die Kleine", mag er sich denken, jedenfalls wendet er sich nun wieder zufrieden Franz zu.

Männer unter sich, das ist auf einer Stierweide ein gut funktionierendes Ensemble, wenn auch immer wieder harte Rangkämpfe ausgefochten werden. Vor allem in den ersten acht Tagen nach Ankunft auf der Alm geht es rund, es kommt oft zu Verletzungen. Einmal hat ein Stier einem anderen mit den Hörnern ein Auge ausgestochen, dieser hatte dann in jeder Hinsicht das Nachsehen, er musste auf der Stelle geschlachtet werden. In dieser Saison hat sich ein Stier von Beginn an abgesondert, seit er am Tag der Ankunft auf der Alm harte Tritte und Stöße einstecken musste. Die Bemühungen von Franz, ihn in die Herde zu integrieren, sind gescheitert. Jetzt grast er als Außenseiter abseits und hat sich mit seinem Schicksal abgefunden.

In diesem Sommer betreut Franz auf der Alm insgesamt 34 Mast- und Zuchtstiere von verschiedenen Bauern der Almgenossenschaft, zu der insgesamt fünfzehn Gemeinden zählen: Strengen, Flirsch, Pettneu, St. Anton, Pians, Tobadill, See, Kappl, Landeck, Fließ, Zams, Schönwies, Stanz, Grins, Kaisers. Die Gerichtskasse der Gemeinde St. Anton kaufte im Jahr 1908 die Alpe. 1912 errichtete man die heute noch bestehende Steinhütte auf 1763 m, außerdem baute man einen Stall, einen Weg und Wasserwaale. 1971 wurde die Alpe mit einem Fahrweg erschlossen. Im Jahr 1990 belegte eine große Mure ca. drei Hektar Almfläche. Dreimal wurde der Stall und einmal die Hütte durch Lawinen beschädigt.

Außer den Stieren weiden auf der Gampernunalm Mutterkühe, Kälber und Galtvieh. Die Maststiere dürfen zwei Almsommer genießen, damit ihr Fleisch so richtig zartfaserig wird, dann müssen sie zum Metzger, die Zuchtstiere haben auch nicht viel länger Galgenfrist, höchstens drei Sommer sind ihnen gewährt, weil es im heimischen Stall zur Inzucht kommt, sobald der Stier seinen eigenen Nachwuchs deckt.

Stiere dienen den Bauern auch als Wertanlage. Ein besonders schönes Exemplar von einem Zuchtstier, der auf der Weide der Gampernunalm grast, hat bei einer Versteigerung einen Verkaufspreis von 10.000 Euro erzielt, eine stolze Summe für einen stolzen Stier. Die Investition zahlt sich aus, insofern der Stier hervorragendes Sperma liefert. Beim Absamen lässt es sich nämlich auch sehr gut absahnen.

Liebesspiel mit der Phantomkuh

Dass es außer der Gampernunalm in Tirol keine zweite spezialisierte Stieralm mehr gibt, hängt unter anderem damit zusammen, dass es sich für Bauern erst ab ca. 30 Stück zu deckenden Kühen rentiert, einen eigenen Stier zu halten. Auch die Tradition des Gemeindestieres wird nur mehr in wenigen Orten gepflogen. Der Hauptgrund für den Rückgang der Stieralmen liegt aber in der Industrialisierung des Besamungsgeschäftes. Den meisten Zuchtbullen gewährt man keine erholsamen Almsommer mehr und auch keine Sprünge auf die auserwählten Lieblingskühe, sie werden hochtechnisch in eigenen Anstalten abgesamt. In der Besamungsstation Birkenberg bei Telfs z.B. lagern über 2.000.000 Sperma-Portionen von 3000 bis 4000 nach strengen Qualitätskriterien ausgewählten Zuchtstieren.

So ein Stiersprung ist auch in freier Natur keine romantische Angelegenheit und im Nu vorbei, in der Besamungsanstalt geht es dazu noch ziemlich steril her. Den Stieren gefällts offenbar, obwohl keine einzige Kuh in der Nähe ist. Warum aber springen die Stiere auf eine Attrappe, sprich auf die Phantomkuh? Aus purer Genügsamkeit? Oder sind das alles Fetischisten?

„Weil sie einen Torbogenreflex haben", erklärt mir die verantwortliche Tierärztin Helga Dengg, als ich Birkenberg besuche, um mir den Vorgang der Absamung anzusehen. Das heißt, sie reagieren erotisch auf alles, was auch nur im Entferntesten wie das Hinterteil einer Kuh geformt ist. Wenn Wärme und Druck auch noch stimmen, sind das fast schon Idealbedingungen für einen ergiebigen Samenerguss.

Zweimal pro Woche wird ein Stier in der Telfer Besamungsanstalt abgesamt. Die jungen Stiere müssen das richtige Springen erst lernen, manche stellen sich dabei ziemlich ungeschickt an, manche wiederum sind von Beginn an wahre Sprungtalente. Und weil man auch beim Zuschauen lernen kann, sind immer zwei andere Stiere mit im Raum, während ein Dritter abgesamt wird. Beim Springen zeigen sich auch die unterschiedlichen Charaktere. Die Grauen sind die Triebhaftesten und Temperamentvollsten, sie sind aber oft zu schnell, dann fällt das Ejakulat zu dünn aus. Die Pinzgauer gehen die Sache meistens unbeeindruckt und locker an, und dann gibt es in jeder Kategorie auch noch welche, die schlafen hinter dem Bock fast ein, bevor sie sich schließlich doch zu einem Sprung aufraffen. Auch das Wetter hat Einfluss auf die Springfreudigkeit. Ist es heiß und schwül, legt sich Trägheit in die Glieder.

Wenn einer gar nicht will, lassen die Stierpfleger zwitschernde Pfeifgeräusche ertönen. Helga Dengg wundert sich noch immer darüber, dass die Stiere auf derart zarte Töne reagieren. „Klingt wie in der Abteilung für exotische Vögel im Tiergarten Schönbrunn“, sagt sie. Nun ja, man muss auch Stieren erotischen Feinsinn zugestehen.

Wenigstens kann er mich nicht auf die Hörner nehmen.

Und manche beharren stierstur auf ihren Vorlieben. Phantomkuh? Nein danke. Dann schon lieber den echten Stier bespringen, der zu diesem Zweck gleich neben der Phantomkuh bereitsteht. Es ist ein geduldiger Pinzgauer, eine sensiblere Rasse würde bei diesem Job irgendwann psychische Probleme bekommen. Und ein Stier, der psychische Probleme hat, liefert schlechtes Ejakulat. Manche Stiere springen weder auf die Phantomkuh noch auf den ruhig ausharrenden Stier, sie bevorzugen ein Objekt, das sich bewegt. Dazu sollte der Pinzgauer jetzt wohl verführerisch mit dem Hinterteil wackeln, aber das ist seine Sache nicht. Also wird er vor dem Springstier auf- und abgeführt und letztlich tut auch das seine Wirkung.

Beim Nachsprung gelangt die erforderte Dosis Ejakulat durch die künstliche Scheide in ein Glasröhrchen. Dann wird es von der Tierärztin auf Tauglichkeit untersucht und mit Eidotter und anderen Komponenten verdünnt. Eine verdünnte Portion mit 20 Millionen Samenzellen reicht aus, um eine Kuh zu befruchten, wobei ein Stier pro Sprung 100 bis 400 Portionen liefert. Die Portionen werden vorgereift, eingefroren und wieder aufgetaut. Das Vorreifen ist nötig, weil das Sperma bei der künstlichen Besamung direkt in die Gebärmutter gelangt, der Weg ist also kürzer als bei der natürlichen Befruchtung.

Die Gampernunalm ist ein Hochsitz mit wunderbarer Aussicht.

Stiersamen ist für das Einfrieren bestens geeignet, Pferdesamen ist wesentlich empfindlicher und bei Schweinesamen funktioniert es einstweilen noch nicht. Das ist mit ein Grund für das Florieren der künstlichen Besamung beim Rindvieh. Ein anderer Vorteil ist der, dass Seuchen verhindert werden. Zu Zeiten der Dorfstiere gab es häufig Deckseuchen-Probleme, dadurch wurden die Tiere unfruchtbar und ganze Gebiete blieben ohne Kälbergeburten. Auf der Besamungsstation werden die Stiere gewissenhaft auf ihre Gesundheit überprüft, sie sind immer unter Kontrolle. Rund 800 Bauern in Tirol haben übrigens die Lizenz zur Eigenstandsbesamung, das heißt, sie haben in Kursen die nötigen Kenntnisse dazu erworben und müssen dafür keinen Tierarzt in Anspruch nehmen.

Stierhirte Franz Hiesel genießt eine Pause auf der Hüttenterrasse.

Für die zuständigen Tierärzte, Stierpfleger und die Laboranten ist eine Absamung eine hochkonzentrierte Arbeit. Fehlbesamungen würden eine hohe Schadensfolge nach sich ziehen, wenn daraus Mischkälber ohne Marktwert entstehen. Und für die Stierpfleger, die in der Station Birkenberg die Absamung vornehmen, ist es noch dazu eine gefährliche Arbeit. Beim Umgang mit Stieren gilt jene Vorsichtsstufe, die im Prinzip auch in einem Löwenkäfig gilt: immer die allerhöchste. Wenn ein Stier von gutartigem Charakter bloß ein bisschen spielen will, kann das bereits tödlich sein oder für schwere Verletzungen sorgen. Beim Absamen muss der zuständige Pfleger hautnah an den Stier heran, damit er den Impuls für den Sprung nicht verpasst. „Am gefährlichsten sind aber die Routinearbeiten wie an- und abhängen, weil man da dazu neigt, unvorsichtig zu sein", sagen die Stierpfleger.

Auch einige Zuchtstiere von der Gampernunalm werden in Birkenberg abgesamt. Das Almleben hält die Stiere schlank und fit, trägt zur Verbesserung der Spermaqualität bei und erhöht die Springfreudigkeit. Gedeckt wird dann in den Monaten von Oktober bis April. Ob die Stiere diese Zeit ebenso genießen wie die ruhigen Monate auf der Alm, darüber kann nicht einmal Franz so genau Auskunft geben.

Informationen

Lage: Das Almgebiet der 405 ha großen Gampernunalm erstreckt sich von 1700 bis 2500 m Seehöhe. Den Einstieg zum Weg erreicht man (in Richtung St. Anton fahrend) gleich am Ortseingang von Flirsch. Von dort geht es links über die Rosanna-Brücke, den Wegweisern folgend nach oben.

Besonderheiten: Die einzige noch verbliebene Stieralm Tirols. Während der Sommermonate ist bei Wanderungen Vorsicht geboten, über 30 Zucht- und Maststiere grasen auf den Almweiden. Ab Mitte September, wenn die Stiere im Tal sind, kann man das Gebiet ohne Angst, auf die Hörner genommen zu werden, erkunden. Das Bergpanorama ist überwältigend. Über der Alm erheben sich die Plankenspitze, der Scheibenkopf, der Großgfallkopf, das kalte Loch und dahinter das Rifflermassiv. Auch die Aussicht auf die andere Seite ist grandios, man sieht z.B. zur Dawinspitze und zur bekannten Dawinalpe hinüber.

Verpflegung: Es gibt keinen Gastbetrieb auf der Gampernunalm, die Jause muss man also selber mitnehmen.

Vom Liebesleben auf der Alm

Die Innsbrucker Volkskundlerin Petra Streng hat sich u.a. mit dem Liebesleben der Tiroler vom Mittelalter bis ins zwanzigste Jahrhundert befasst. In ihrem informativen und gleichzeitig sehr unterhaltsamen Buch „Bauernerotik in den Alpen", das sie gemeinsam mit Gunter Bakay geschrieben hat, nimmt das Liebesleben auf der Alm einen bedeutenden Stellenwert ein. Auch wenn das Almleben zumeist von harter Arbeit geprägt war und ist – die gute Höhenluft scheint seit altersher auch erotische Höhepunkte gefördert zu haben.

Foto: privat

Auf der Alm gibt's koa Sünd', oder doch?

Petra Streng: Auf der Alm gibt's genauso viel Sünd' wie im Tal oder anderswo, aber es ist eine Tatsache, dass die Alm immer ein Ort war, der großteils außerhalb der gesellschaftlichen Kontrolle lag und man sich dort oft auch mehr Freiheiten herausgenommen hat. Als die Sitten noch strenger waren, sind die Almen vor allem bei der Jugend ein beliebter Treffpunkt für gesellige Zusammenkünfte gewesen. Was heute die Disco ist, hat sich damals häufig auf der Alm abgespielt. Man hat gesungen, getanzt, Alkohol getrunken, geflirtet und den Umgang mit dem anderen Geschlecht geprobt. Im 18. Jahrhundert gab es ein offizielles Tanzverbot, da kam ein Tänzchen auf der Alm gerade recht, weil es die Obrigkeit nicht mitbekam. „Winckeltänze" nannte man solche illegalen Veranstaltungen. Die strengen Sitten hatte man der Missionierung durch die Jesuiten zu verdanken. Es muss aber auch gesagt werden, dass es bei den ländlichen Tanzveranstaltungen bis dahin immer recht wild zugegangen ist, da haben die Frauen oft die Röcke so hoch geschwungen, dass der blanke Hintern zu sehen war. Die Tanzveranstaltungen waren ja vor allem auch Heiratsmärkte.

Kein Wunder also, dass die kirchlichen Würdenträger dagegen opponiert und auch das Almleben mit Misstrauen beäugt haben?

Petra Streng: Sie haben nicht nur opponiert, sondern auch kontrolliert auf ihren Inspektionsreisen durch die Diözesen. Auf die hoch gelegenen Almen haben sie sich aber doch nicht bemüht, was wiederum der Fantasie Vorschub leistete. Man behauptete, dass Frauen und Männer dort durcheinander im Heu schlafen, buhlen, schmatzen und kopulieren. Almen machten offensichtlich aus braven Katholiken geile Tiere. Das war natürlich übertrieben. Die Freiheit auf der Alm war immer eine Freiheit von der Obrigkeit, man war ja auch außerhalb des Blickfelds des Bauern. Dafür nahmen viele das harte Leben gern in Kauf. Wie sie ihre Freiheiten sonst genützt haben, war selbstverständlich individuell verschieden.

Die Reiseschriftsteller des 19. Jahrhunderts haben vor allem auf Galtalmen mit reiner Männerwirtschaft oft nur eine unwirtliche Hütte und einen „eisbärtigen Ochsner" (Ochsenhüter) vorgefunden, wie es in eurem Buch heißt.

Petra Streng: Viele Hirten lebten in Einsamkeit und Entbehrung, von Romantik keine Spur. Aber man nahm ihnen im Tal drunten einfach nicht ab, dass sie ein so karges Leben geduldig ertragen haben. So entstand auch die Sage von der „Sennenpuppe", in der sich Hirten eine Puppe schnitzen, sich den Sommer über mit ihr sexuell vergnügen, sie dann im Herbst allein lassen und nach Hause zu ihren Frauen zurückkehren. Die Puppe wird lebendig und rächt sich fürchterlich. Das ist eindeutig eine Warnsage, damit die da oben es nicht zu wild treiben. Die Einsamkeit und die Abgeschiedenheit vom übrigen gesellschaftlichen Leben war tatsächlich ein Problem. Die einsamen Senner haben sich zwar keine Holzpuppe geschnitzt, aber Sodomie ist durchaus vorgekommen. Das ist zwar ein absolutes Tabu, aber lässt sich damit erklären, dass manche Senner auch sonst sehr zurückgezogen lebten und ein viel innigeres Verhältnis zu Tieren hatten als zu Menschen.

Was hat es mit dem „Fensterln" auf sich?

Petra Streng: Da muss man unterscheiden zwischen individuellem Fensterln und „Gasslgehen". Bei Letzterem sind die Burschen gemeinschaftlich herumgezogen und haben flirtend ausprobiert, ob ein Mädchen eventuell für einen von ihnen auch das Fenster öffnen würde. Das Gasslgehen war also ein gemeinsamer Spaß, beim Fensterln oder Türln – manchmal wurde ja auch die Tür aufgemacht – ist es dann schon zur Sache gegangen. Wesentlich ist aber, dass die „Gassler" ein Mindestalter haben mussten. Wurde ein jüngerer Bursche beim Fensterln erwischt, so wurde er beispielsweise im Südtiroler Ahrntal im Brunnentrog eingeweicht, „hoamgewatschet" und dann hängte man auch noch sein Bettzeug am Kirchbühel auf, damit alle über seine Verfehlung Bescheid wussten. Es ist anzunehmen, dass solche Strafen doch sehr abschreckend gewirkt haben.

Warum wird das Älpler-Klischee oft derart erotisch aufgeladen? Ist der Skilehrermythos daran schuld? Lederhosen und Dirndln allein können ja nicht ausschlaggebend sein?

Petra Streng: Der Porno-Alpin-Trend hat im 19. Jahrhundert mit den Reiseschriftstellern begonnen, die im Sinne der Romantik das urwüchsige, natürliche Leben als besonders attraktiv und freiheitsliebend darstellten. Sie haben mehr idealisiert als recherchiert, denn von der harten Arbeit auf der Alm und am Land schrieben sie kaum etwas. Anfang des 20. Jahrhunderts hatte man dann andere Sorgen, aber in den 1960er Jahren wurde das alpenländische Erotikklischee nach einer prüden Zeit wieder belebt, zum Beispiel durch die Softpornos von Franz Antel. In diesen Filmen kamen haufenweise resche, geile Sennerinnen vor. Die Sennerinnen wurden sozusagen zu Salontirolerinnen. Aber sie teilten das Schicksal mit den Schwedinnen und den Engländerinnen, die eben mit anderen Attributen wie z.B. Blondsein zum Sexsymbol wurden. Bei uns wurden aber auch die Männer extrem erotisiert und dazu hat sicher auch der Skilehrermythos beigetragen.

Die erotischen Klischeebilder wurden uns sozusagen von außen aufgedrängt?

Petra Streng: Ja, aber wir haben sie willig bedient und tun das noch heute. Wir leben schließlich gut davon und so spielt auch die Tourismuswerbung immer wieder mit diesen Klischees. Auch der Skilehrermythos und mittlerweile auch Skilehrerinnenmythos ist ja durch reelle Fakten begründet. Was früher die Alm an Möglichkeit zur Freizügigkeit geboten hat, bietet heute die Après-Ski-Hütte. Außerdem empfinden nicht alle solche Bilder als diskriminierend, manche fühlen sich möglicherweise durch das Klischee geschmeichelt. Die Tiroler haben sozusagen eine Tradition der Geilheit und fühlen sich ihr verbunden. In Umfragen jedenfalls sind sie bezüglich sexueller Aktivität immer an vorderster Stelle unter den Österreichern. Das heftigste Feuer, heißt es, lodert unterm Tirolerhut. Aber dieser Satz hat auch etwas Verräterisches, es könnte nämlich sein, dass sich die Klischees einfach schon zu sehr in den Köpfen festgesetzt haben und eventuell hauptsächlich dort.

10. August
Falbesoner Ochsenalm, Neustift im Stubaital

Maridl, Hüttenwirtin und Jägerin

„Als Frau allein auf der Alm? Warum sollte ich mich da fürchten?" Nein, Maridl Schmid, die Pächterin der Falbesoner Ochsenalm im Stubaital, ist keine schreckhafte Frau. Wer sie in aller Morgenfrühe auf die Jagd gehen sieht, das Gewehr geschultert, käme gar nicht auf den Gedanken, sie zu fragen, ob sie hier oben manchmal Angst hat. Aber als Jägerin bekommt sie kaum jemand zu sehen, alle kennen sie als freundliche Wirtin. Die Zeit zum Jagen kommt für Maridl erst im Oktober, wenn die Alm bereits offiziell geschlossen hat, die Kühe wieder unten im Tal sind und in der Hütte keine Gäste mehr einkehren.

In der Ruhe nach dem großen Sommeransturm beginnen für Maridl die schönsten Wochen des Jahres. Da hat sie die Alm für sich allein und sie genießt das wie Urlaub. Nicht, dass sie in dieser Zeit faulenzen würde. Es gibt genug zu tun. Holz für den nächsten Sommer muss gesammelt und gestapelt werden, Putz- und Aufräumarbeiten stehen an, und der Wald hat auch noch einiges zu bieten, was sich in der feinen Küche verarbeiten lässt, wie Pilze und Kräuter. Und manchmal geht Maridl eben auch auf die Jagd.

Meistens nimmt sie Murmeltiere ins Visier, weil sie deren Fett zu Murmeltiersalbe bzw. Murmelschmalz verarbeitet, das gut für die Gelenke und ein probates Mittel gegen Halsweh ist. Außerdem sind größere Abschüsse wie Gämsen oder Hirsche zu teuer. Jedes Jahr spendiert der Jagdpächter ein Murmeltier als Geschenk für die gute Betreuung den Sommer über. Das lässt Maridl sich natürlich nicht entgehen. Sie späht vorher sorgfältig aus, welche Tiere Junge haben und deshalb als Jagdbeute tabu sind. Meistens entscheidet sie sich für einen alten Bären (Männchen) oder eine alte Katze (Weibchen), auch wenn den betagten Tieren weniger Fett abzugewinnen ist.

Murmeltiere mit Bart

Wie man alte Murmeltiere erkennt? Ganz einfach – wie bei den Menschen, sie haben ein graues Fell. Und manchmal einen weißen Rauschebart, aber das ist jetzt Jägerinnenlatein. Oder doch nicht ganz, denn einmal ist Maridl tatsächlich einem solchen Murmeltier gegenübergestanden. Sie hatte ihre Nichte dabei und die beiden Frauen trauten ihren Augen nicht, als sie das weißbärtige Murmeltier sahen. Die Lösung war einfach: In der Nähe war ein Schaf verendet und das Murmeltier brachte die Schafwolle in seinen Bau, um sich dort ein gemütliches Bett zu schaffen. „Ich hab selten so gelacht", sagt Maridl und kann sich darüber noch immer bestens amüsieren. Man merkt ihr an, dass sie auf der Alm glücklich ist. „Hier heroben ist für mich das Paradies, aber das ist mir erst im Alter von 31 Jahren bewusst geworden."

Zwar lebte die gebürtige Neustifterin immer schon sehr naturverbunden, aber als Mutter von fünf Kindern – auf der Alm kam dann noch ein sechstes dazu – war an eine Arbeit als Sennerin vorerst nicht zu denken. Als die Kinder größer waren, half Maridl ihrer Mutter, die schon als Kind auf der Falbesoner Ochsenalm Kühe hütete, einen Sommer lang bei der Almarbeit. Die Ochsenalm ist eine Genossenschaftsalm und gehörte zu einem Teil Maridls Eltern. Damals, in den 1980er Jahren, stand es auf der Kippe, ob die Alm überhaupt noch bewirtschaftet werden konnte, es fanden sich keine Pächter. Als die Mutter ein Jahr später starb, ging Maridl mit dem Vater auf die Alm und seit dem Jahr 2005 hat sie die Alm selber gepachtet und bewirtschaftet sie gemeinsam mit ihrem Onkel. Sie sieht ihre Almarbeit als Vermächtnis: „Meine Mutter hat mir noch etwas sehr Wertvolles mitgegeben und mir gezeigt, wo mein Weg hinführt."

Die Butterseite des Lebens

Der Name Falbeson kommt aus dem Rätoromanischen „val busana" und bedeutet das scheinbar endende Tal. Im gleichnamigen Ortsteil von Neustift öffnet sich das Tal nach einer Straßenenge wieder. Die Falbesoner Ochsenalm liegt unterhalb der bekannten Regensburger Hütte gut geborgen in einem Kessel inmitten einer prächtigen Bergwelt. In Schlechtwetterperioden, wenn man hinter Nebeln und Wolken nicht sieht, wie sich der Kessel nach allen Seiten öffnet, könnte man sich hier eingeengt fühlen. Maridl aber fühlt sich immer frei auf der Alm.

Der Kaiserschmarrn schmeckt
hier besonders gut.

„Außerdem kommen jeden Tag Wanderer vorbei, ich habe untertags ständig Gesellschaft und mit meinen Nachbarn von der Regensburger Hütte bin ich in gutem Kontakt. Da wäre es mir in der Stadt bei weitem enger zumute." Für einen größeren Rundblick könnte sie von der Alm aus aufs Bassler Joch auf 2830 m steigen, einem wunderbaren Aussichtspunkt ganz in der Nähe, von wo aus man bis zur Zugspitze und zum Tribulaun sehen kann – allerdings nur bei gutem Wetter.

Maridls Mann kann sich nicht vorstellen, längere Zeit auf der Alm zu verbringen. Er arbeitet im Tal und kommt am Wochenende herauf. Während der Sommerferien hat Maridl auch oft ihre Enkel zu Gast. Die Falbesoner Ochsenalm ist ein Paradies für Kinder, es gibt Wasser zum Planschen und überall liegen große Steine zum Klettern herum. Ohne die Mithilfe der ganzen Familie könnte die Alm nicht bewirtschaftet werden und so helfen die Enkel u.a. beim Kochen und Servieren mit. Zu viele Personen können sich allerdings nicht in der Küche tummeln, denn sie ist winzig klein. Die Gaststube ist auch nicht größer, hier finden ca. 15 Personen Platz, wenn sie eng zusammenrücken. Aber am schönsten ist es ohnedies, Maridls Spezialitäten auf den gemütlichen Sitzplätzen draußen vor der Hütte zu genießen.

Maridl kocht ausschließlich mit Butter, die sie selber herstellt. „Kürzlich haben Schweizer Forscher herausgefunden, dass Butter kein Cholesterin erzeugt, sondern cholesterinabbauend wirkt und dass vor allem Almbutter sehr gut für die Gesundheit ist", freut sie sich. Sie selbst streicht sich die Butter am liebsten fingerdick aufs Brot. Auch der Graukäse schmeckt auf der Falbesoner Ochsenalm köstlich, ebenso der Kaiserschmarrn. Eine gute Suppe oder eine Brettljause ist ebenfalls immer im Angebot. „Das, was wir essen, bekommen auch unsere Gäste", sagt Maridl. „Genauso einfach und genauso gut."

Keine Sommerfrische für Ochsen

Früher war die Falbesoner Ochsenalm der Sommerfrischeort für die Arbeitsochsen der Stubaitaler Bauern, heute sind den Sommer über ca. 40 Stück Vieh dort untergebracht, davon zwischen zwölf und fünfzehn Milchkühe. Um sie kümmert sich Maridls Onkel. Auch ca. 500 Schafe von Bauern aus Neustift und großteils aus Absam sind jedes Jahr im Umland der Ochsenalm zu Gast.

Nicht alle Weiden sind für die Tiere geeignet, denn im „steinreichen" Gebiet der Stubaier Alpen – sie sind geologisch durch ihre Vielfalt an gebirgsbildenden Gesteinsarten bedeutsam – ist an manchen Hängen immer mit Steinschlag zu rechnen. Die Ochsenalm ist nicht unmittelbar gefährdet, aber einmal riss ein sich lösender Felsbrocken eine Stütze der Materialseilbahn zur Regensburger Hütte nieder. Auch der Falbesoner Bach, der unterhalb der Ochsenalmhütte vorbeifließt, zeigt vor allem in Zeiten der Schneeschmelze seine Mächtigkeit. Aber da er

Die Ochsenalm mit Blick hinauf zur Neuen Regensburger Hütte.

in der Talsenke genug Raum zum Überschäumen hat, wird er der Alm nicht gefährlich. Allerdings werden Teile der Forststraße an Hochwassertagen von der Natur zum Bachbett umfunktioniert und bei starken Gewittern ist der Weg durch Steinschlag gefährdet.

Für Maridl sind auch solche Naturgewalten kein Grund, sich zu fürchten. Sie hat ein gutes Gottvertrauen. Der ständige leichte Steinschlag an manchen Hängen hat sogar Vorteile. Er hackt den Boden auf und lässt Johanniskrautplantagen zwischen den Steinen erwachsen. Maridl erfreut sich nicht nur am Anblick des gelben Blütenteppichs, sie setzt aus den Pflanzen Johanniskrautöl an, ebenso wie sie aus Wildem Thymian, aus Arnika und Meisterwurz feine Elixiere gewinnt. Man kann damit die müden Glieder einreiben, wenn sie nach der Arbeit schmerzen. Maridl empfindet das als guten Tausch: Was die Natur einem an Einsatz abfordert, gibt sie durch vielfältige Geschenke wieder zurück.

Informationen

Lage: Die Falbesoner Ochsenalm (1830 m) liegt im hinteren Stubaital auf halbem Weg zwischen Falbeson und der Neuen Regensburger Hütte (2286 m). Kurz vor dem Neustifter Ortsteil Falbeson das Auto am besten beim Parkplatz vom Waldcafé abstellen. Forstweg und Steig führen hinauf zur Alm. Gehzeit ca. 1 ½ Stunden, zurück 1 Stunde; Höhenunterschied 572 m.

Besonderheiten: Ein Aufstieg von der Ochsenalm zur Regensburger Hütte lohnt sich. Der Weg wird flankiert von einem imposanten Wasserfall und führt hinauf zum „Hohen Moor“, einem landschaftlich besonders reizvollen Gebiet. Von einfachen Wanderungen bis zu anspruchsvollen Gletschertouren ist in der umliegenden Bergwelt alles geboten. Der bekannte Stubaier Höhenweg führt ebenfalls vorbei.

Verpflegung: Auf der Falbesoner Ochsenalm gibt es einfache Hausmanns- bzw. Hausfrauenkost, wie z.B. eine gute Tagessuppe, Kaiserschmarrn, Speck mit Ei, aber auch hervorragenden selbstgemachten Graukäse. Butter und Topfen stellt Maridl jeden Tag frisch her. Jeweils am Dienstag serviert sie eine besondere Spezialität, den originalen Stubaier Käsestriezel.

11. August, 23. September
Juifenalm, Sellrain

Die Quereinsteigerinnen

Als ich Silvia Steurer und Judith Walder in ihrer ersten Almsaison im Sommer 2008 besuche, ist gerade der Bär los. Es ist Montag und eigentlich Ruhetag in der Gastwirtschaft der Juifenalm, aber einer der turbulentesten Tage des ganzen Sommers. Vor ein paar Stunden wurde der abgetrennte Kopf eines neugeborenen Kalbes gefunden, zeitgleich kursieren Gerüchte, dass sich ein Bär in der Gegend umtreibt. Man vermutet, es ist MJ4, ein Halbbruder von JJ1. Am nächsten Tag ist sogar ein Bild in der Zeitung, das allerdings eher den Anschein erweckt, die Redaktion wolle ihren Lesern einen Bären aufbinden. Das aus großer Entfernung aufgenommene und mit einem roten Kreis gekennzeichnete Tier sieht aus wie ein braunes Schaf. Aber, nun ja, es könnte auch ein Bär sein. Und die Jäger, die den Kalbskopfkadaver auf der Juifenalm untersuchen, wollen nicht ausschließen, dass hier ein Großräuber zugange war.

In Nordtirol wurde der letzte Bär am 14. Mai 1898 auf der Bärenrast in der Nähe der Stallenalm bei Fiecht geschossen, damit war mit den Bären auch das Bärenthema eine Zeitlang ausgerottet, aber seit Braunbär Bruno im Jahr 2006 aus dem Trentino seinen spektakulären Streifzug durch das bayrisch-österreichische Grenzgebiet antrat, ziehen in regelmäßigen Abständen wenn schon keine Bären, so zumindest Bärengerüchte durchs Land.

„Wir haben nie geglaubt, dass ein Bär das neugeborene Kalb gerissen hat", erzählen Judith und Silvia. „Da hätten wir ja noch andere Spuren finden müssen." Die Bärenanwälte, die sofort angereist kamen, unterstützten sie in dieser Meinung. Aber Judith und Silvia waren neu im Geschäft, ihre allererste Saison auf der Alm, sie hatten noch nicht so viel Erfahrung mit dem Almalltag, geschweige denn mit umherstreunenden Bären. Dennoch wurden ihnen öffentliche Statements abverlangt. Drei Fernsehteams standen plötzlich vor der Tür und hielten ihnen vor laufenden Kameras die Mikrofone entgegen. Magere Beute für die Bärenstoryfänger: Judith und Silvia verweigerten die Aussage. „Erstens wussten wir selber nicht, was eigentlich los war, zweitens ärgerte es uns, dass niemand vorher angefragt hatte, ob wir überhaupt bereit sind, ein Interview zu geben."

Harte erste Saison

Einen Tag später fand man heraus, dass es sich beim abgetrennten Kälberkopf um eine Zwillings-Totgeburt handelte, dessen Rumpf wahrscheinlich ein Fuchs gefressen hatte. Das andere Zwillingskalb wurde kurz darauf mit seiner Mutter frisch und munter auf der Almweide gesichtet. Falscher Bärenalarm also. Judith und Silvia waren froh darüber, manche Gäste der Juifenalm meinten damals, so eine Werbung hätten sich die beiden trotzdem nicht entgehen lassen dürfen, sie hätten die Interviews geben sollen. Doch Judith und Silvia denken in mancher Hinsicht erfrischend anders.

Das sieht man schon an der mit lila Zottelfell geschmückten Hinweistafel auf dem Weg zur Juifenalm und auch auf der Alm selbst merkt man sofort, dass hier kreative Frauen am Werk sind. Überall in der Hütte und rund ums Haus steht das Spiralensymbol für Wachstum und gutes Gelingen. Es findet sich in den gesammelten Schneckenhäusern genauso wie auf der Speisekarte. Dass mit den jungen Frauen alternative Denkweisen auf der Alm Einzug gehalten haben, freut viele Gäste, auch dass jetzt kein Andreas-Hofer-Bild mehr in der Stube hängt, stört niemanden. Gestandene Bauern messen allerdings nach anderen Maßstäben. Schneckenhäuser, lila Zottelfell und schön gestaltete Speisekarten mögen ihnen gefallen, aber für sie ist wichtig, dass die Almwirtschaft funktioniert und gut auf das Vieh geschaut wird. Als der über 80-jährige Franz, einer der verantwortlichen Mitglieder der Agrargemeinschaft Juifen, sich mit den etwas derben, aber durchaus anerkennenden Worten äußerte: „Von den Weibern da oben können viele Almbewirtschafter etwas lernen“, da wussten Silvia und Judith, sie waren fürs erste über den Berg.

Denn angefangen hat das Almleben für die Quereinsteigerinnen strapaziös und zum Teil frustrierend. Zwar hatte Judith als Absolventin der Landwirtschaftsschule auch Erfahrung im Umgang mit Tieren und Silvia hatte in der Zeit ihres Pädagogikstudiums den Sommer über auf einer Alm die klassische Almküche erlernt, aber die Praxis als selbständige Almwirtinnen zeigte sich doch härter als erwartet. „Unsere Freundinnen und Freunde haben geglaubt, wir sitzen jeden Abend hier oben und schauen bei einem Gläschen Wein nach den Sternen. Am Anfang haben wir selber auch gedacht, dass das so sein könnte. Aber in unserer ersten Saison sind wir jeden Tag spätabends todmüde ins Bett gefallen, fanden kaum Zeit für uns und hatten noch immer das Gefühl, mit der Arbeit nicht nachgekommen zu sein. Ein Buch lesen oder auf einen Kinobesuch ins Tal zu fahren kam aus Zeitgründen ebenfalls nicht in Frage.“

Harte zweite Saison

Die erste Wintersaison 2008 setzte wegen der beliebten Rodelbahn noch eins drauf. An einem schönen Wintertag kommen bis zu 250 Rodel- und Skitourengäste auf die Juifenalm. Weil Silvia und Judith auch für die Präparierung der Rodelbahn verantwortlich sind, mussten sie den Umgang mit den schweren Geräten lernen, was nicht einfach war, aber erstaunlich gut gelang. Nach und nach bekamen sie auch bei allen anderen Arbeiten mehr Routine, ohne von ihren anfänglichen Vorstellungen über das alternative Wirtschaften weit abrücken zu müssen. Ein wenig Nachziehen mussten sie aber doch.

In ihrer ersten Saison waren sie zum Beispiel mit ihren Preisen in der Gastwirtschaft so bescheiden, dass eine kostendeckende Bilanz beinahe unmöglich war, jetzt wissen sie, dass die gute Qualität der Lebensmittel auch einen angemessenen Preis haben darf.

Auf dem Weg hinauf zur Juifenalm.

Judith und Silvia kochen vorwiegend mit regionalen Produkten und immer frisch, zum selbstgemachten Topfenstrudel gibt's Fair-Trade-Kaffee, zur Jause Bio-Bier und statt Coca Cola wird Bionade serviert. Die vielen selbstgezüchteten Kräuter verfeinern das köstliche Essen wie zum Beispiel den pikanten Brennnessel-Topfen-Strudel, die Joghurt- und Käsespezialitäten sind vom Feinsten und die selbstangesetzten Schnäpse sind ohnedies schon fast einen eigenen Ausflug auf die Juifenalm wert.

Der engagierte Einsatz ist doppelt wichtig, denn wer als Neuling auf die Alm kommt, steht unter besonderer Beobachtung. Einerseits von den Gästen, die den Ruf einer Alm ins Land hinaus tragen,

Silvia und Judith freuen sich über einen gelungenen Start ins Almleben.

andererseits von den Bauern, die ihr Vieh unter guter Obhut wissen möchten. Zum Glück gibt es auch Hilfe von einigen Seiten. Die Finanzierung für den Ausbau der Küche und der Käserei, die nicht mehr den Vorschriften entsprach, hat die Agrargemeinschaft Juifen übernommen und der Almmeister stand immer mit Rat und Tat zur Seite. Auch ohne die Unterstützung von Freundinnen, Freunden, Familienangehörigen und Bekannten wäre alles nicht zu schaffen gewesen. Sie packen heute noch überall dort an, wo es nötig ist. Eine Freundin hat auch die Käserei übernommen, denn die Milch der ca. vier bis sieben Milchkühe pro Saison wird direkt auf der Alm verarbeitet.

Den Tagesablauf auf der Juifenalm bestimmen noch vor den Gästen die Tiere. Insgesamt 80 Stück Rinder, 28 Pferde, 14 Ziegen und zwei Wollschweine wollen versorgt werden. Da kommt es auf ein paar Kaninchen, die eine Freundin zur Sommerfrische auf die Alm gebracht hat, auch nicht mehr an. Auch nicht auf Judiths neue Zwerg-Altsteirer-Hennen, die sowieso der reine Luxus sind, wie Silvia findet: „Ein lausiges Team. Die legen zu viert gerade mal ein Ei am Tag!"

Eine derart laxe Arbeitsauffassung können sich Judith und Silvia nicht leisten. Ein Druck, der manchmal auch Stress in die Beziehung bringt. Aber das Verständnis füreinander ist größer geworden, seit sie ab und zu die Arbeitsbereiche tauschen und nicht mehr die eine ausschließlich für die Küche und die andere nur für die Tiere zuständig ist. „Dadurch haben wir erfahren, wie aufreibend die jeweils andere Arbeit sein kann, und halten uns mit Kritik zurück. Das fördert zusätzlich das Vertrauen zueinander. Wir wissen, wir können uns auch in schwierigen Situationen aufeinander verlassen."

Sternstunden für Judith und Silvia

Dass auch die Agrargemeinschaft Juifen den beiden jungen Frauen das Vertrauen ausgesprochen hat und sie sich als Pachtbewerberinnen gegen etliche Konkurrenten durchsetzen konnten, ist vor allem ihrer guten Vorbereitung zu verdanken – sie haben sich zum Beispiel von Anfang an erfahrene Hirten ins Team geholt. Nachdem sie selbst von ihrem Vorhaben überzeugt waren, mangelte es ihnen auch nicht an Überzeugungskraft. „Wir haben lange hin und her überlegt, ob das nicht eine Nummer zu groß für uns ist, aber dann wollten wir die Alm unbedingt haben und alles dafür tun, um erfolgreich und umsichtig zu wirtschaften. Die Idee, an einem schönen Platz gleichzeitig zu wohnen und zu arbeiten, hat uns fasziniert, ebenso die Nähe zur Natur und die Tatsache, selbständig zu sein.“ Die Agrargemeinschaft hat sich auch nicht daran gestört, dass Silvia und Judith ein Paar sind. „Sie meinten, wie wir privat zusammenleben, sei unsere Sache, und das hat uns überrascht, denn eigentlich hatten wir mit Vorurteilen gerechnet.“

Mittlerweile haben Judith und Silvia alles so gut im Griff, dass sich in regelmäßigen Abständen sogar Sternstunden ausgehen. Dann können sie zwar nicht ins Kino, aber sie sitzen spätabends tatsächlich bei einem Gläschen Wein mit Freundinnen und Freunden oder allein bei einem gemütlichen Plausch vor der Hütte. Weil die Arbeit auch die Themen bestimmt, fragen sie sich dabei mitunter, wie das Wetter am nächsten Tag wird. „Aber so routinierte Almbewohnerinnen sind wir noch nicht, dass wir das vom Himmel ablesen können.“ Also schauen sie einfach den Sternen beim Glitzern zu und für die Wetterabfrage hören sie den Wetterbericht.

Informationen

Lage: Die 375 ha große Juifenalm liegt auf 2020 m Seehöhe im Sellraintal. Bei Gries in Richtung Praxmar/Lüsens abbiegen, weiter bis nach Juifenau, zum großen gebührenpflichtigen Parkplatz, ca. ½ km nach dem Siedlungsende. Der Gebührenautomat ist in einer ehemaligen Telefonzelle am Beginn des Forstweges zu finden. Von dort führt der Weg durch schöne Zirbenwälder über die Forststraße (im Winter Rodelbahn) hinauf zur Juifenalm, man kann aber auch den steileren, abwechslungsreicheren Steig nehmen.

Besonderheiten: Eine alternativ geführte Alm mit kreativer weiblicher Note. Im Winter beliebtes Skitourengebiet, von der Alm führt eine 5 km lange Rodelbahn (Gehzeit knapp über 1 Stunde) ins Tal. Montag ist sommers und winters im Gasthaus Ruhetag.

Verpflegung: Auf der Juifenalm gibt es Bionade statt Cola, Fair-Trade-Kaffee, Bio-Bier, frische Milch, sehr gute Knödel, Joghurt, Graukäse und Butter aus eigener Erzeugung und sonstige schmackhafte Almspezialitäten, vorwiegend aus regionalen Produkten, dazu köstliche selbst angesetzte Schnäpse.

Nein, es gibt nicht nur Blondinen in der Gruppe.

15. August
Hundalm, Angerberg

Von almdamischen Menschen und Hunden

Wie redet man eigentlich mit Kühen? Am besten so, wie man es von Kindheit an gewohnt ist, also in seinem eigenen Dialekt. Im Tiroler Unterland sagen die Bauern und Hirten beim Zusammentreiben der Herden oft „wüah, wüah", was soviel bedeutet wie „gemma, gemma!" Was wiederum soviel bedeutet wie: „Abmarsch!" oder „Bitte nicht trödeln!"

Es ist schon ein paar Jahrhunderte her, da hörte man auf der Hundalm der Gemeinde Angerberg bei Wörgl ganz andere Töne: „ill" und „üll" und „galung, galung!" Da trieben nämlich ein paar halbwilde Menschen ihr Vieh auf die Alm und niemand wusste, woher sie kamen. Die fremdländischen Laute ließen auf Rätoromanen schließen, so jedenfalls erzählte es Georg Horngachers Großmutter ihren Enkeln. Die Fremden wanderten weiter oder wurden ansässig und trieben ihre Kühe fortan mit dem Ruf „gemma, gemma!" in die heimischen Ställe. Wie es genau gewesen ist, weiß heute niemand mehr, aber das ist auch nicht nötig. Mythos und Realität vermischen sich auf einzigartige Weise und was bleibt, ist ein Schatz aus schönen, alten Geschichten, die gerne nacherzählt werden.

Dass der Hund mit dem glühenden Schlüssel im Maul, der angeblich lange Zeit die Hundalm bewachte, eindeutig der Sagenwelt zuzuordnen ist, davon kann man ausgehen. Er gehörte zum nahe gelegenen Schloss Maria Stein. Was er auf der Alm zu suchen hatte, ist auch nicht mehr bekannt. Wahrscheinlich war er „almdamisch“ oder „almnarrisch“, wie es alle sind, die einmal längere Zeit hier oben verbracht haben und wie es auch die Familien sind, denen die Hundalm gehört. Die Horngachers, die Bramböcks, die Larchs – sie alle sind almdamisch und könnten sich ein Leben, das sich ausschließlich unten im Tal abspielt, nicht vorstellen.

Almdamischen Wanderern, die das Paradies um die Hundalm erkunden wollen, sei gesagt, dass es dort keine Einkehrmöglichkeit gibt. Das nächstgelegene Wirtshaus liegt eine halbe Stunde Gehzeit entfernt. Es ist das Almgasthaus Buchacker (1350 m), bekannt durch die Nähe zur einzigen Eis- und Tropfsteinhöhle Tirols, die wiederum auf dem Gebiet der Hundalm liegt. Man kommt ohnedies an diesem Gasthof vorbei, wenn man von Angerberg aus den Forstweg auf die Buchacker- und Hundalmen nimmt, und kann sich dort für den weiteren Weg stärken. Wer auf dem Hundalmbichl Rast machen möchte, der sich schützend über die Hundalm erhebt, nimmt am besten eine Erfrischung mit, aber eine solche haben Wanderer ohnedies immer im Rucksack.

Musikalisches Almleben

Vom Hundalmbichl aus hat man einen sehr guten Überblick über die idyllische Alm. Da sitzt man im Frühjahr zwischen blauen Enzianen, sieht im Sommer den Bauersleuten bei der Heumahd auf dem großen Almanger zu oder bestaunt im Herbst die sich golden verfärbenden Lärchen ringsum. Die Almhäuser der drei Bauersfamilien, die die Alm bewirtschaften, hat man ebenfalls im Blick und eventuell kann man mit dem humorvollen Hirten Toni ein kleines Pläuschchen halten. Wer sich zwar kein kühles Bier, aber zumindest einen Becher frischer Kuhmilch erhofft hat, wird enttäuscht. Denn auf der Hundalm weidet nur Galtvieh bzw. trocken stehendes Vieh. Die Milchproduktion rentiert sich für die Bauern nicht mehr, weshalb sie vor einigen Jahren eingestellt wurde.

Mit Milch allein lassen sich ohnedies keine fröhlichen Feste feiern und wenn auf der Hundalm gefeiert wird, dann zünftig. Die Brambocks sind nämlich eine bekannte Musikerfamilie und es versteht sich, dass Peter Bramböck und seine Musikerkollegen bei gegebenem Anlass ihre Instrumente auspacken und fröhliche Weisen erschallen lassen, meistens auf dem Hundalmbichl, weil es von dort aus am weitesten tönt. Als das neue Hundalmbichlkreuz

In jeder freien Minute auf ihrer Alm:
Kathi und Georg Horngacher.

im August 2009 eingeweiht wurde, saß man anschließend ebenfalls in fröhlicher Runde zusammen, ansonsten herrscht hier oben eine göttliche Ruhe. Wenn man auch selbst ganz still ist und rechtzeitig am Morgen im Gelände unterwegs, kann man eventuell Gämsen und Auerhähne beobachten.

Auf dem ca. 20-minütigen Weg von der Hundalm hinauf zum Hundalmjoch auf 1637 m springen die alten schwarz-weiß markierten Grenzsteine ins Auge, die noch aus der k.u.k-Zeit stammen. Seit dem Jahr 1735 ist der Horngacher'sche Teil der Hundalm in Familienbesitz, zugehörig zum „Schauflerhof" in Angath. Die Eigentümer-Bauern waren immer ihre eigenen Herren, aber während der Kaiserzeit führten die Aufseher und Kontrolleure im Almwesen ein strenges Regiment und so musste Georg Horngachers Großvater sogar einmal Strafe zahlen, weil er auf der Alm eine Geiß hielt, die ringsum die Büsche anknabberte.

Droben am Hundalmjoch eröffnet sich ein wunderbarer Ausblick aufs Inntal, bei klarem Wetter kann man sogar bis zum Großglockner sehen. Das Joch ziert eines der schönsten Gipfelkreuze Tirols, geschaffen vom Wörgler Künstler Martin Flörl, ein Bruder des bekannten Bildhauers Hubert Flörl, der u.a. die Skulpturen zum Franziskusweg in der Wildschönau gestaltet hat. Das 4,50 m hohe Kreuz aus Edelstahl wurde 1987 aufgestellt und sieht heute noch aus wie neu. Vom Hundalmjoch geht es zum Inntal hin schwindelerregend bergab, weder Bäume noch Sträucher bremsen den Blick, denn während des Zweiten Weltkriegs brannte der Berg lichterloh und seither hat die Natur im kargen Fels immer noch Mühe, sich zu erholen.

Im Winter mit Schneeschuhen

Wenn die Horngachers vom Hundalmjoch auf den Inn hinunterblicken, müssen sie immer auch an ihre Vorfahren denken. Die Familie von Georg Horngachers Mutter, die Lettenbichlers, hatten einen Schifffahrts- und Schiffsbaubetrieb in Angath. Sie fuhren mit ihren Schiffen über Inn und Donau bis zum Eisernen Tor an der Grenze zu Rumänien. Wenn sie dort ein Schiff verkauften, mussten sie zu Fuß zurück. Nach Monaten wieder daheim angekommen, war das meiste Geld aus dem Verkaufsgeschäft bereits aufgebraucht. Wie gut, wenn man eine Alm hat, welche die Familie ernähren hilft.

Das Hundalmjoch
mit dem Gipfelkreuz
von Martin Flörl.

Im Winter ist die Hundalm ein richtiges „Schneeloch" und der Weg zu den Buchacker- und Hundalmen beschwerlich, insofern er nicht ohnedies wegen Lawinengefahr gesperrt ist. Georg und Kathi Horngacher behelfen sich mit Schneeschuhen, wenn sie winters zu ihrer Hütte wandern. Mit den Schneeschuhen gelangt man auch problemlos zur Madonnenstatue, die Georg Horngachers Vater vor einem Felsblock auf der Alm hat aufstellen lassen, der seit alters her „Frauenstein" genannt wird. Bei jedem Besuch auf der Alm zündet Kathi dort eine Kerze an und freut sich, wenn das Licht abends und nachts zu ihrem Almhaus herüberleuchtet.

Es ist nicht zuletzt die enge Verbundenheit mit der Natur, warum viele Bauern und Almbewohner die religiösen Werte hochhalten. Ein Bittgebet, ein Wetterkreuz oder auch das Anzünden einer Wetterkerze sollen zum Beispiel vor Unwetterschäden schützen. Um Wunder geschehen zu lassen, helfen findige Almbewohner mitunter selber nach. So erblühte einmal an einem warmen, sonnigen Weihnachtstag der Balkon des Gasthofs Buchacker über und über mit roten Pelargonien. Die damalige Wirtin hatte sie herausgehängt und damit viele Besucher zum Staunen gebracht. Der Anblick der Blumen inmitten der winterlichen Landschaft war überwältigend. Kann leicht sein, dass manche Leute an ein Weihnachtswunder geglaubt haben – zumindest so lange wie es eben braucht, bis ein almdamischer Mensch seine fünf Sinne wieder beisammen hat.

Informationen

Lage: Die Hundalm liegt etwas niederer als der Hundalmbichl (1400 m); mit dem Auto von Breitenbach Richtung Angerberg, nördlich von Wörgl, beim Ortsteil Embach links zum Parkplatz abbiegen. Von dort aus zu Fuß über den Forstweg zu den Buchacker- und Hundalmen.

Besonderheiten: Ein ca. 20-minütiger Aufstieg führt von der Hundalm hinauf auf das Hundalmjoch (1637 m), wo ein 4,50 m hohes Edelstahl-Gipfelkreuz des Wörgler Künstlers Martin Flörl aufgestellt ist. Die Eis- und Tropfsteinhöhle mit ihren außergewöhnlichen Formationen ist ebenfalls einen Besuch wert, kann aber nur im Rahmen einer Führung besichtigt werden.

Verpflegung: Das Almgasthaus Buchacker liegt auf 1296 m Seehöhe und ist in ca. 1 ½ Stunden Gehzeit vom Tal aus zu erreichen. Auf der Hundalm selber gibt es keine Jausenstation.

Freiheit und Lebensfülle

Der bekannte Tiroler Bühnen- und Drehbuchautor Felix Mitterer hat als Kind viele Sommer auf Almen verbracht. Darüber geschrieben hat er nie, aber er war bereit, darüber zu erzählen. Ich traf ihn im Sommer 2009 in Telfs im Rahmen der Telfer Volksschauspiele, als sein Stück über den widersprüchlichen Andreas Hofer-Mitstreiter Metzger Klaus „1809 – Mein bestes Jahr" uraufgeführt wurde.

Foto: Haymon Verlag

Als Kind hast du viele Sommer auf Almen verlebt. Welche Erinnerung hast du daran?

Felix Mitterer: Das Almleben war für mich als Kind der Inbegriff von Lebensfülle und stand damit im Gegensatz zum übrigen Alltag. Die Zeiten waren ja nicht die besten, ich wurde 1948 geboren, meine Mutter hatte mich aus Armutsgründen schon vor der Geburt an ihre Freundin verschenkt. Diese war ebenfalls nicht mit Reichtum gesegnet. Meine Adoptiveltern standen damals als Knecht und Kuhdirn im Dienst des Pöllbauern, des größten Bauern im Raum Kitzbühel. Meine Adoptivmutter scheute die Arbeit nicht, sie war sogar ein richtiges Arbeitstier, aber sie fühlte sich am Hof eingeengt und war dementsprechend oft mürrisch, jähzornig, mitunter auch aggressiv. Die Männer hatten Angst vor ihr. Kaum waren wir aber im Sommer auf der Alm, veränderte sich ihr Wesen total. Sie war dann zufrieden und meistens gut gelaunt. Sie fühlte sich nicht mehr eingesperrt, war kompetent – sie verstand sehr viel von Tieren, insbesondere Kühen – und genoss die Freiheit. Mein Adoptivvater blieb den Sommer über im Tal und auf der Alm herrschte viel Geselligkeit. Außerdem war der Druck der Kirche im Tiroler Unterland nicht ganz so groß wie im Oberland und auf der Alm ging es noch ein bisschen freizügiger zu. Man lebte in enger Verbindung mit der Natur und stand den Sommer über nicht unter der direkten Kontrolle der Obrigkeiten. Das hat ihr gefallen.

Welche Almen standen im Mittelpunkt deiner Kindheit?

Felix Mitterer: Das waren Almen im Raum Kitzbühel und Kirchberg, insbesondere der Lämperbichl, wie wir ihn nannten (also die Lämmerbichl bzw. auf Hochdeutsch die Lämmerbühel Alm) und die Fleckalm – je nach dem, bei welchem Bauern meine Adoptivmutter gerade im Dienst stand. Sie war eine starke Frau, die sich nichts gefallen ließ und den Dienstherrn wechselte, wenn einer ungut wurde. Leider hat es ihr nichts genützt, denn für eine Kuhdirn versäumten es manche Bauern, Versicherungs-Beiträge einzuzahlen und sie fiel somit um ihre Pensionsansprüche um.

Kannst du dich noch an bestimmte Alm-Erlebnisse erinnern?

Felix Mitterer: Als ich sehr klein war, hat meine Mutter mich manchmal an einen Pflock gebunden wie eine Geiß. Aber nicht, weil sie böse auf mich war, sondern weil sie mich schützen musste. Sie konnte mich bei der Arbeit ja nicht ununterbrochen mit sich herumschleppen. Es hat mir nicht viel ausgemacht, ich hab gewusst, dass es nur vorübergehend ist. Ein anderes Erlebnis ist mir ebenfalls noch eindrücklich in Erinnerung. Da gab es eine kranke Kuh, deren Bauch schrecklich aufgebläht war. Wahrscheinlich hatte sie etwas Falsches gefressen. Meine Mutter nahm eine Ahle, stieß der Kuh damit in den Bauch und ließ die Luft heraus. Das klingt brutal, aber sie

Foto: Felix Mitterer privat

hat die Kuh dadurch gerettet. Man konnte damals nicht wie heute einfach den Tierarzt holen. Zimperlich durfte man auf der Alm nie sein. Ansonsten erinnere ich mich fast nur an schöne Dinge. Die Alm war für mich vor allem ein sinnliches Erlebnis, von Duft erfüllt, voll schöner Farben, voll Glockengebimmel. Ich war begeistert von den Kühen, von ihrem schönen Gesicht, ihren sanften Augen und mir gefiel es, wenn sie mit ihrer rauen Zunge über meine Hand leckten. Mir hat auch das schlechte Wetter nichts ausgemacht, ich mochte den Nebel, den Wind, die Gewitter und die Kälteeinbrüche mit Schnee. Es war ein herrliches Abenteuer.

Wie lange durftest du deine Almsommer genießen?

Felix Mitterer: Leider nicht allzu lange, ca. bis zum zehnten Lebensjahr. Danach musste ich drunten im Tal am Bauernhof mithelfen. Kinderarbeit war damals selbstverständlich. Für mich war es ein großer Verlust, nicht mehr auf die Alm zu dürfen, denn dort oben hatte ich mich glücklich und frei gefühlt und die Arbeit, die man mir aufgetragen hat, habe ich gerne gemacht. Ein Ersatz für dieses intensive Erleben waren die Bücher, in die ich mich schon sehr früh stundenlang versenken konnte. Mein Einstieg ins Lese-Erlebnis hat eigentlich auf der Alm begonnen. Zum Pöllbauern kam regelmäßig eine Wiener Lehrerin auf Sommerfrische, ihr wurde auch die Alm gezeigt. Sie hatte einen Narren an mir gefressen, dem kleinen zarten Buben in der Lederhose, der hier so fröhlich herumsprang. Ich spürte das, produzierte mich ein bisschen und zeigte ihr die schönsten Plätze, die ich kannte, auch jene, wo man Edelweiß und Enzian finden konnte. Als Belohnung habe ich Bücher bekommen, gute

Bücher, und war nicht mehr auf die Heftchenromane angewiesen, die unter den Dienstboten kursierten. Ich las zum Beispiel bei Mark Twain über die Abenteuer von Tom Sawyer und Huckleberry Finn, die ja auch die Freiheitsliebe vertreten und deshalb gut auf die Alm passen.

Foto: Felix Mitterer privat

Warum hast du nie über deine Alm-Erlebnisse geschrieben?

Felix Mitterer: Das wollte ich immer tun, habe es aber bislang nie geschafft. Es kam immer etwas dazwischen. Leider habe ich es auch versäumt, meine Adoptivmutter ausführlich zu diesem Thema zu befragen. Es gibt ja so viele Dinge, die in Vergessenheit geraten. Sie hat z.B. noch das Bockshorn geblasen, das heißt, sie verwendete das Horn von einem Steinbock, um sich mit anderen Almingern zu verständigen. Es hätte noch viele Beobachtungen und Erlebnisse gegeben, die aufzuschreiben sich lohnen würde, an die ich mich aber nicht mehr erinnern kann.

Gehst du heute noch gern auf die Alm?

Felix Mitterer: Ich bin gerne auf Almen, sie sind für mich ein Sehnsuchtsort geblieben. Ob ich gern auf die Alm gehe ist eine andere Frage. Ich bin nicht der Sportlichste, rauche und trinke gern und tue wenig für meine körperliche Fitness. Einmal im Jahr, wenn ich bei den Volksschauspielen in Telfs bin, klettere ich auf die Hohe Munde, das ist jedesmal eine Herausforderung. In meiner Wahlheimat Irland bin ich immer von einem heimeligen Almgefühl umgeben, ohne mich anstrengen zu müssen. Es gibt in nächster Umgebung Pferde, Schafe, Fleischrinder und mit Heidekraut bewachsene Hügel. Am liebsten aber mag ich die offenen Kamine. Wenn Feuer gemacht wird, überkommt mich sofort das wohlige Gefühl meiner Kindheit, wenn wir uns in der kleinen Hütte am Kamin wärmten und die Welt für eine Weile vollkommen in Ordnung war.

18. August
Oberhofer Melkalm, Oberhofen

Die Jazz- und Bluesalm

Als Franz Trenkwalder, Pächter der Oberhofer Melkalm, an einem warmen Sommernachmittag nach dem ausgedehnten volkstümlichen Potpourri einer Ziehharmonika auch noch den Schneewalzer hörte, bekam er kalte Füße. Er ging auf die Terrasse zu den Gästen und bat sie, den schönen Almsommernachmittag nicht mit der musikalischen Schneeraupe niederzuwalzen. Genauer gesagt machte er sie höflich darauf aufmerksam, dass man auf dieser Alm eine andere Art von Musik bevorzuge, wie zum Beispiel Jazz, Rock, Country und Blues. Den Gästen, die gerade noch vergnügt „Schnee-Schnee-Schnee-Schnee ..." geträllert hatten, gefror das Lächeln. So etwas war ihnen noch nie passiert, dass man ihnen das Singen auf der Alm verbat. Was sollte außerdem der Hinweis auf die hier bevorzugte Musik? Passt volkstümliche Musik nicht weit besser auf eine Alm als Jazz und Rock und Country und das ganze Pop-Getöse? Und den Schneewalzer, na bitte, den kann man doch rund ums Jahr singen und spielen, deshalb fängt es doch nicht gleich an zu schneien!

Tat es aber doch. Es schneite Vorwürfe. Ein paar Tage später fand sich sogar ein Artikel über den Vorfall in der Zeitung. Dabei hatte Franz Trenkwalder geglaubt, alles längst geklärt zu haben. Seine Partnerin Gabriele Neurauter und er hatten die Ziehharmonikaspielerin auf ein Schnapserl eingeladen und man war versöhnt auseinandergegangen. Die Diskussionen um die „Misstöne auf der Alm“ verstummten noch eine ganze Weile nicht, die Oberhofer selber, zu deren Gemeinde die Alm gehört, zeigten allerdings Gelassenheit. Sie wissen ja, dass der Franz ein umgänglicher, humorvoller und toleranter Mensch ist, der niemandem das Singen verbieten will, der im Gegenzug aber auch Toleranz für seine eigene Haltung einfordert. Und vielleicht ist es ja gar nicht so schlecht, wenn eine Alm einmal ein anderes Image hat, als es dem Klischee entspricht. „Ich finde zwar auch, dass Volksmusik eher auf die Alm passt als Jazz und Pop“, erzählt mir ein langjähriger Stammgast der Oberhofer Melkalm, „aber ich komme trotzdem gern hier herauf, weil die Pächterfamilie sympathisch ist, die Aussicht herrlich und das Essen gut.“

Swingende Open Air-Konzerte

Und dann gibt es auch noch den mittlerweile ziemlich großen Kreis der Fans, die gerade deshalb auf die Oberhofer Melkalm kommen, weil hier eine etwas andere (musikalische) Stimmung herrscht. Sie versäumen kaum eines der Open Air-Konzerte, die drei- bis viermal jährlich bei schönem Wetter hier heroben stattfinden. Da wird dann gerockt und geswingt, was das Zeug hält, und wie Franz und Gabriele beteuern, ist es noch nicht vorgekommen, dass die Kühe an solchen Tagen weniger Milch geben. Bekommen die Tiere zwischenzeitlich gute Volksmusik zu hören, wie zum Beispiel beim Bezirksalmblasen, wirkt sich das ebenso wenig auf die Milchqualität aus. Vielleicht würde ein Langzeitversuch andere Ergebnisse bringen, aber da es die meiste Zeit ohnedies paradiesisch ruhig ist auf der Oberhofer Melkalm, ist ein solcher gar nicht nötig.

Auch Gabriele und Franz schätzen die Ruhe, außerdem gibt es zu viel anderes zu tun, als dass sie sich hauptsächlich mit Musik befassen könnten. Über zwanzig Mutterkühe und Galtvieh, drei Milchkühe, drei Schweine, sechs Laufenten, vier Hennen und ein Hase müssen versorgt werden, dazu sind regelmäßig drei Ponys auf Sommerfrische zu Gast. Und dann kommen ja auch noch die Almbesucher zum Essen, die u.a. die Butter und den guten Frischkäse schätzen, den Franz und Gabriele täglich erzeugen. Für die studierte Mikrobiologin Gabriele ist das eine willkommene Abwechslung vom Universitätsleben und ein sinnvolles Umsetzen der Theorie in die Praxis. Auch der Speck wird auf der Oberhofer Melkalm selber erzeugt. Das Brot bäckt die Mama von Franz und die Kasknödel steuert seine Schwägerin bei, so helfen alle ein bisschen zusammen und die Alm ist das Zentrum des Familienlebens, wo sich auch die beiden Kinder von Gabriele und Franz den Sommer über sehr wohl fühlen. Franz selber kennt die Alm schon aus seiner Kinderzeit, er hat hier heroben das Skifahren gelernt, als noch ein Schlepplift in unmittelbarer Nähe der Almhütte hinauf auf die Oberisse (Isse = Almanger) führte.

Zwei, die sich gut verstehen:
Franz und Gabriele.

Für die Menschen ist die Oberhofer Melkalm aufgrund der guten Küche ein ausgezeichneter „Futterplatz“, für die Kühe eigentlich auch, obwohl in einem Alpkataster Mitte der 1950er Jahre die Futterqualität und die Qualität der Alpweide mit mittelmäßig bis schlecht eingestuft wurde. Weil das Almgebiet vor allem in den höheren Regionen auch bezüglich Absturzgefahr seine Tücken birgt, ging der Auftrieb bereits in der Zwischenkriegszeit stark zurück, weshalb die Almputzer hier wichtige Dienste leisten mussten, um die Weiden nicht verbuschen zu lassen. Die Absturzgefahr wird mittlerweile durch Zäune bzw. Koppelweiden eingedämmt, aber mit Ausfällen muss man immer rechnen, umso schöner, wenn ein Sommer ohne Verluste vorbeigeht.

Die Sage vom Butterweibele

Die Oberhofer Melkalm gehört der Gemeinde Oberhofen und bezieht ihre Wertschöpfung vorrangig als Ausflugsziel und Naherholungsgebiet, bedeutungsvoller für die Almwirtschaft ist die Oberhofer Galtalm, auf der den Sommer über ca. 130 Stück Vieh weiden. Auch dort sind die Tiere wie auf allen steilen Almen der Absturzgefahr ausgesetzt, das zeigt schon eine Stelle namens „Fleischbank“, die sich unterhalb der Alm befindet. Ortsbezeichnungen sind ja oft sehr verräterisch, mitunter sogar abschreckend. Wenn man zur Oberhofer Melkalm hinaufsteigt, kommt man zu einer Stelle, die „Gacher Toad“ heißt. Allerdings ist die Wahrscheinlichkeit gering, dass einen hier ein solcher ereilt, insofern man auf dem gut und sicher begehbaren Weg bleibt.

Der Name entstammt der Sage ums „Butterweibele“, das in früheren Zeiten aus der Almhütte einen Butterwecken gestohlen hatte. Als der Senner ihr nachrannte und die Frau zur Rede stellte, erwiderte sie, auf der Stelle im Boden versinken zu wollen, wenn sie das getan hätte. Da tat sich auch schon eine kleine Schlucht auf und sie wurde vom Erdboden verschluckt. Der Zorn überirdischer Mächte kennt der Sage nach kein Erbarmen, wenn es um den Tatbestand des Frevels geht, wahrscheinlich ist die arme Frau aber einfach vor Scham im Boden versunken, wie man so sagt. Arme Leute waren früher ja viel auf den Almen unterwegs, weil sie dort darauf hoffen durften, dass eine kleine Mahlzeit für sie abfiel. Von diesen schweren Zeiten erzählen auch die vielen „Bettlersteige“ zwischen den Almen. Einer davon verbindet die Oberhofer Melkalm mit der Pfaffenhofer Alm – heute ein gern begangener Wanderweg mit schönen Aussichten.

Wie überhaupt die Aussicht einer der größten Attraktionspunkte dieser Alm ist. Der Blick hinüber zum Seefelder Plateau und ins Inntal bis hinunter nach Innsbruck ist sagenhaft. Sogar die stattliche Hohe Munde, ansonsten übermächtig ihren Platz behauptend, fügt sich von hier aus gesehen sanft ins Ensemble der Bergwelt. Sobald des Abends drunten in Innsbruck die Lichter angehen, könnte man andächtig werden vor Ergriffenheit.

Wenn man die wunderbare Aussicht nicht genießen kann, weil der Nebel tagelang dicht im Tal hängt, ist das für die beiden Wirtsleute allerdings auch nicht weiter schlimm, denn bevor sie den Blues bekommen, stimmen Franz und Gabriele lieber einen an, oder Franz greift zu seinem Saxophon und spielt sich frei.

Wenn die Nebeldecke aufreißt, blickt man weit übers Inntal hinaus.

Informationen

Lage: Die 200 ha große Oberhofer Melkalm liegt auf 1694 m Seehöhe; ab Ortsmitte Oberhofen zur Kohlerkapelle und dann weiter aufwärts über einen ca. 10 km langen Forstweg (Gehzeit ca. 3 Stunden). Von der Oberhofer Melkalm hinüber zur Oberhofer Galtalm beträgt die Gehzeit 2 ½ Stunden.

Besonderheiten: Eine rundum harmonische Alm mit großer Sonnenterrasse, die regelmäßig Gastort für schwungvolle Rock-, Country- und Jazzkonzerte ist. Beliebtes Ausflugsziel und Naherholungsgebiet. Von der Alm aus eröffnen sich lohnende, auch anspruchsvolle Bergtouren, z.B. auf den Hocheder (4 ½ Stunden).

Verpflegung: Auf der Oberhofer Melkalm gibt es selbstgemachte Butter, Frischkäse und Speck von glücklichen Schweinen, selbstgebackenes Brot, köstliche Kasknödl, Kraut und sonstige kleine Imbisse. Montag Ruhetag, den Winter über ist die Alm geschlossen.

19. August
Eng-Alm, Vomp

Sightseeing im Almdorf

Hirten und Melker, die zum ersten Mal auf die Eng-Alm im Karwendel kommen, sind sich fast immer in zwei Dingen einig: Erstens: Um einen schöneren Flecken Erde zu finden, müsste man sehr weit laufen. Zweitens: Eine richtige Alm sei das aber nicht, sondern eher eine Sehenswürdigkeit. Tatsächlich könnten sich die Almerer angesichts der vielen schaulustig herumflanierenden Ausflügler zeitweise fühlen wie zur Schau gestellte Indianer in einem Reservat. Der berühmte Große Ahornboden, wo rund 2000 Bergahorne in lichter Anordnung wachsen, und das idyllische Almdorf inmitten des Naturparks Karwendel zieht im Sommer und Herbst zahlreiche Besucher an. Jedes kleinste Detail des Ensembles wird abfotografiert und nicht selten passiert es, dass neugierige Touristen plötzlich unaufgefordert in einer der alten, schindelgedeckten Hütten stehen und das Interieur in Augenschein nehmen, ohne den geringsten Sinn dafür, dass sie dadurch die Intimsphäre der hier lebenden Menschen verletzen.

Was bleibt anderes übrig, als die ungebetenen Gäste freundlich hinauszukomplimentieren und darauf hinzuweisen, dass hier nichts zur Schau gestellt, sondern dass hier gewohnt und gearbeitet wird. Insofern keine Eindringlinge in die Stube stolpern, gibt es zwischen Almpersonal und Touristen ohnedies nicht viele Berührungspunkte. Um vier Uhr morgens, wenn die Almarbeit mit dem Melken beginnt und die frische Milch in der Käserei abgeliefert wird, ist ringsum noch alles ruhig. Wenn vormittags die Wanderer und Besucher ins Almdorf strömen, versehen die Almleute ihren Gemeinschaftsdienst wie Zäune flicken oder Brennholz schneiden irgendwo im Gelände, wo sonst kaum jemand hinkommt. Um die Mittagszeit, wenn der Touristenansturm seinen Höhepunkt erreicht und sich alles im Almrestaurant „Rasthütte Eng-Alm“ versammelt, legen sich die Almerer nach dem Mittagessen gern ein wenig aufs Ohr und verschlafen den Trubel. Ab vier oder fünf Uhr nachmittags, wenn die Kühe zum Melken von der Weide zurück in die Ställe getrieben werden, drängen die meisten Besucher wieder heimwärts, bis auf jene, die sich ein gemütliches Gästebett in einer der Hütten gesichert haben.

So kommt es, dass die Almerer weitgehend ungestört ihr Leben führen können, wie sie es gewohnt sind und wie es der Arbeitsrhythmus vorgibt. Auf der Alm gehen die Uhren anders, heißt es, aber die Zeiten, als die Eng-Bauern sich weigerten, ihre Uhren von Winterzeit auf Sommerzeit umzustellen, sind vorbei. Ein bisschen anpassen muss man sich schon. Der Besucheransturm bringt ja auch gute Einnahmen. Die Bauern auf der Eng-Alm werden oft um die „leichte Lebensart“ beneidet, die so ein Ausflugsort zumindest dem Anschein nach mit sich bringt. Sogar die Kühe, so heißt es oft, hätten es hier bequemer als anderswo. Sie können nämlich auf dem nahezu ebenen Talboden grasen und müssen keine steilen Hänge erklettern.

Die größte Melkalm Tirols

Da kann Almbauer Hansjörg Reiter vom Marterer Hof in Schwaz allerdings anderes erzählen. Die Kühe der Eng-Alm sind durchaus geländegängig und müssen es auch sein. Zwar bleiben ihnen während ihrer Almzeit meistens Steilhänge erspart, dafür legen sie täglich etliche Kilometer auf dem Weg zur Weide zurück. Sie werden morgens von zwei Melkern vom Almdorf talauswärts zum Großen Ahornboden getrieben, abends geht es wieder zurück in den Stall. Vom schwierigen Almabtrieb übers Lamsenjoch ganz zu schweigen, aber davon wird erst später die Rede sein, denn zuerst müssen sich die Kühe den Sommer über den Bauch vollschlagen mit den saftigen Hochgebirgsgräsern, die für beste Milchqualität sorgen. Die weidefrische Milch wird auf der Eng-Alm an Ort und Stelle in der Käserei zu hochwertigen Produkten weiterverarbeitet. Den köstlichen Eng-Käse, den man im Bauernladen kosten und erwerben kann, vergisst kaum jemand mitzunehmen. Er hat genau die richtige Reifestufe, er ist sogar olympiareif und wurde bei der Käseolympiade in Galtür schon oft mit Goldmedaillen ausgezeichnet.

Zu Beginn der Saison werden auf der Eng-Alm aus ca. 5500 Liter Milch täglich bis zu 16 Laib Käse zu je 30 Kilo und 24 Laib zu je 3,5 Kilo hergestellt, vorwiegend Bergkäse, Almkäse (Tilsiter) und Frischkäse. Weiters werden Almbutter, Joghurt, Buttermilch und Fruchtmolke erzeugt. Wenn der Almsommer sich dem Ende zuneigt und die saftigen Gräser abgeweidet sind, geht die Milchleistung der Kühe zurück, aber die Top-Qualität bleibt. Insgesamt grasen über 200 Kühe am Großen Ahornboden vor dem Almdorf, während das Galt- und Jungvieh vorwiegend auf der Hochalm Ladiz sein Auslangen findet.

Grasende Kühe zwischen jahrhundertealten Ahornbäumen.

Hauptverantwortlich für die Herstellung der Milch- und Käseprodukte ist Thomas Thaler aus Wiesing. Seine Käseküche ist ein auf Hochglanz poliertes, mit allen nötigen Finessen ausgestattetes Laboratorium. Filmteams haben hier schon enttäuscht aufs Drehen verzichtet. Zu wenig romantisch für einen Film von der Alm. Darüber kann Thomas Thaler nur verwundert den Kopf schütteln. Soll er vielleicht in Lederhose und kariertem Hemd vor einem alten Kessel stehen und die Molke rühren? Manche Besucher der Schaukäserei würden sich das wahrscheinlich erwarten. Diesen Wünschen kann allerdings nicht entsprochen werden, denn bei der Käseherstellung muss alles topsauber und hygienisch einwandfrei ablaufen, damit es den strengen Vorschriften entspricht und das Produkt erstklassig wird. Also trägt der Almkäser eine weiße Arbeitshose, einen weißen Kittel und eine weiße Haube und fühlt sich sichtlich in seinem Element unter all den blitzblanken Gerätschaften.

Enger Zusammenhalt

Der Zusammenhalt der Bauern auf der Eng-Alm ist schon fast legendär, was bei den etwas komplizierten Besitzverhältnissen keine Selbstverständlichkeit ist. Die Eng-Alm liegt auf dem Gemeindegebiet Vomp, vom 590 Hektar großen Almgebiet gehören 310 Hektar der Agrargemeinschaft Eng-Alm, das sind zehn Bauern aus Schwaz und Umgebung. Die Hochalm Ladiz mit 200 Hektar wurde zugepachtet. Der Almbesitz ist in Vierzehntel-Anteile aufgeteilt. Bauern mit einem Almanteil werden Viertelkäser genannt, jene mit zwei Almanteilen Halbkäser. Grundlegend für das gute Auskommen sind klare Strukturen und besonnene Regeln. Dass sich jeder an die Abmachungen hält, ist eine Frage der Ehre und bringt auch wirtschaftliche Vorteile, denn nur dann, wenn alle an einem Strang ziehen, kann man die Eng-Alm als Gesamterlebnis gut vermarkten. Käse und Butter und alle anderen Milcherzeugnisse werden gemeinsam verkauft, der Erlös kommt in einen gemeinsamen Topf, davon werden Anschaffungen zur Erhaltung der Infrastruktur getätigt, der Rest wird bei der Endabrechnung anteilsmäßig ausgezahlt.

Jeweils für fünf Jahre wird ein Obmann gewählt, der zwölf Monate pro Jahr mit organisatorischen Angelegenheiten beschäftigt ist, damit in den vier Almmonaten alles glatt läuft. Bei der größten Melkalm Tirols ist die Infrastruktur dementsprechend umfangreich, u.a. gibt es ein eigenes Kraft- und Klärwerk. Außerdem erfordert die Lage im Naturschutzgebiet sensible Lösungen und macht manche Abläufe kompliziert. Die Einteilung der Almdienste übernimmt ein Melker, der sogenannte „Anschaffer". Er wird jedes Jahr gewechselt.

Es ist eine Besonderheit auf der Eng-Alm, dass alle Bauern täglich gemeinsam ihren Almdienst leisten und zwar jeweils drei Stunden am Vormittag. Wer sich drückt, muss zahlen, aber es drückt sich ohnedies niemand, denn die gemeinsame Arbeit dient auch dem Zusammenhalt. Willkommene Unterhaltung hat man dabei ebenfalls, erzählt Moarbauer Hermann Steinlechner aus Vomp, der seinen Almanteil von den Eltern übernommen hat und schon als Kind regelmäßig den Sommer über in der Eng war. An Unterhaltung mangelt es Hermann aber grundsätzlich nicht, da die Gästezimmer und Bettenlager der Hütten meistens voll belegt sind. Vor allem genießt Hermann es, wenn Gäste aus dem Ausland bei ihm und seiner Frau Christl Sommerfrische machen. Für Ferien haben Bauern selten Zeit und da ist es schön, wenn ein bisschen Urlaubsflair auf die Alm kommt.

Käser Thomas Thaler zeigt seine „Laib"-Speise.

600 Jahre alte Bergahorne

Die weidenden Kühe inmitten der berühmten, bis zu 600 Jahre alten Bergahornbäume vor dem Gebirgsmassiv des Naturparks Karwendel ist ein wunderbares Bild. Oft stellen hier Hobbymaler ihre Staffelei auf. Es gibt immer wieder welche, die sich bei den Melkern beschweren, wenn diese ihre Modelle abends von der Weide zurück ins Almdorf treiben wollen. Den sich dabei ergebenden Dialog kann man sich ungefähr so vorstellen: „Muss das sein?" – „Ja, die Kühe müssen gemolken werden!" – „Könnt ihr nicht wenigstens ein paar hier lassen? Ich bin mit meinem Bild noch nicht fertig!" – „Die Kühe nehmen wir mit, aber keine Sorge, die Bäume lassen wir stehen!"

Touristische Vorstellung und die Wirklichkeit des Almlebens klaffen manchmal weit auseinander. Die schöne Natur trägt auch zur Verklärung bei. So gut die Maler auch sein mögen, jedes Bild wie auch jedes noch so gelungene Foto kann nur ein Abklatsch des überwältigenden Eindrucks sein. Man muss es mit eigenen Augen gesehen haben. Genau aus diesem Grund wird es manchmal eng in der Eng, viele Autos und Autobusse karren bei schönem Ausflugswetter über die Mautstraße entlang des Rissbaches durchs Engtal, auch Motorradfahrer lieben die Strecke, Mountainbiker sowieso. Zum Glück fahren die motorisierten Ausflügler nicht durchs Almdorf, sondern parken auf den vorgelagerten Parkplätzen und wandern zu Fuß weiter. Die Wegstrecke vom Parkplatz ins Almdorf ist kurz, ca. fünf Gehminuten auf bequemer ebener Strecke. Rings ums Almdorf finden sich viele Möglichkeiten für ausgedehnte, vom Verkehr unbehelligte Wanderungen. Für Bergsteiger ist die Eng-Alm ein beliebter Ausgangspunkt für schöne Bergtouren, zum Beispiel zum Lamsenjoch, zur Falkenhütte oder zum Karwendelhaus.

Viele halten den Herbst, wenn sich die Ahorne golden färben, hier für die schönste Zeit, andere schwören auf den späten Frühling, aber ein klarer Sommermorgen steht an Schönheit nicht nach. Die Kühe kümmern solche ästhetische Urteile nicht, sie genießen die saftigen Gräser, bevor es Ende September wieder in den heimischen Stall geht. Die meisten von ihnen gelangen zurück, wie sie auf die Alm gekommen sind: mit LKW-Transporten. Drei Bauern, u.a. Hansjörg Reiter, aber treiben ihre Kühe wie eh und je übers 2000 m hoch gelegene Lamsenjoch zurück ins Tal. Nach Schwaz zu Hansjörgs Bauernhof ist der 22 km lange Weg an einem Tag zu schaffen. Allerdings ist er vor allem über den abschüssigen Grat nicht ungefährlich. Früher war das für alle Kühe von der Eng-Alm der Weg zurück nach Hause, der Anmarsch war noch beschwerlicher. Im Frühjahr ist das Lamsenjoch oft noch nicht begehbar, deshalb wählte man den Weg übers Plumsjoch, wo man einmal übernachten musste, bevor es am nächsten Tag weiterging, hinunter in die Eng.

Beim Almabtrieb werden die Kühe in Fiecht aufgebüschelt, anschließend ziehen sie in einer beeindruckenden Prozession durch die Schwazer Innenstadt. Würde man sie nach einem Transport mit dem LKW durch die Straßen treiben, wären sie aufgeregt und übermütig. Es ginge in Schwaz dann zu wie in Pamplona. So trotten sie nach der langen Tour brav und gemächlich ihres Weges. Die meisten Zuschauer haben keine Ahnung, welch gewaltige Leistung die Tiere hinter sich haben, aber Kühe werden ja oft unterschätzt. Und zumindest der Bauer weiß, was er an ihnen hat.

Das Almdorf in der Eng erfreut mit vielen hübschen Details.

Für die Almerer ist die Almsaison am Tag des Abtriebs noch nicht vorbei. Sie müssen die Alm winterfest machen. Erst wenn alles geputzt ist, die Zäune abmontiert, die Wasserhähne abgedreht und die Leitungen entwässert sind, sodass nichts einfrieren kann, kommt der Abschied. Für die meisten Almbauern ist es kein Abschied bis zum nächsten Sommer. Wenn das ganze Tal zugeschneit ist und die Straße unpassierbar, fährt Käser Thomas Thaler mit Langlaufskiern in die Eng, um den Käse, der über die Wintermonate nachreift, zu begutachten. Meistens wird er dabei von einigen der Bauern begleitet, denn es braucht seine Zeit, bis man an die 250 Käselaibe umgedreht und „geputzt" hat.

Trotzdem hält man im Herbst, beim Abschied von der Alm, eine letzte gefühlvolle Rückschau, bevor die Fensterläden der Hütten geschlossen werden. Die „Rasthütte Eng-Alm" und der Bauernladen haben je nach Wetterlage noch ein paar Wochen geöffnet, dann ist auch hier für ein paar Monate Sperrstunde. „Wenn die Sunn untergeht im Karwendel, wird es Zeit, liabe Leit, geht's nach Haus!"

Informationen

Lage: Das Almdorf Eng im Naturpark Karwendel liegt auf 1270 m Seehöhe, die 590 ha große Alm erstreckt sich zwischen 1200 und 2000 m Seehöhe. Zur Eng-Alm gelangt man mit dem Auto am besten über die Achensee-Bundesstraße. Die Straße in die Hinterriss „grenzschlängelt" zwischen Tirol und Bayern und führt vorbei am Sylvenstein-Stausee in Richtung Vorderriss, in Hinterriss beginnt die Mautstraße, die ca. 15 km in die Eng führt.

Besonderheiten: Für Kinder gibt es einen Streichelzoo mit Zwergziegen, eine Pferdekutsche fährt durchs Almdorf und dem Käser kann man am Vormittag bei der Arbeit zuschauen. Für Besuchergruppen werden auf Anfrage in der Schaukäserei Führungen abgehalten. Auch Wandermöglichkeiten gibt es viele, u.a. führen der Adlerweg und die Via Alpina vorbei. Der Talboden ist fast eben und eignet sich für gemütliche Spaziergänge z.B. über den Naturlehrpfad Großer Ahornboden, bzw. für eine schöne Radtour. Übernachtungsmöglichkeiten gibt es in einigen der Hütten und im oberen Stock des Bauernladens mit schönen neuen Zirbenzimmern.

Verpflegung: In der Eng gibt es mehrere gute Einkehrmöglichkeiten: den Alpengasthof Eng mit großer Sonnenterrasse, das gemütliche Restaurant „Rasthütte Eng-Alm" im Almdorf, wo Bauernspezialitäten und köstliche Speisen der regionalen Küche serviert werden, sowie die ebenso empfehlenswerte Binsalm (Niederleger), zu der man über einen schönen Panoramaweg oder über eine Forststraße gelangt. Den ausgezeichneten Eng-Käse kann man mit anderen bäuerlichen Produkten im Almdorf-Bauernladen erwerben.

21. August
Fisser Kuhalm/Frommes Alp, Fiss

Hexenhäuschen und bunte Vögel

In Fiss tragen die Almscheunen Hüte. Die Ferienregion Serfaus-Fiss-Ladis versucht nämlich wie alle anderen Tiroler Tourismusregionen Tradition und Tourismusspektakel unter einen Hut zu bringen. Bei ca. 5000 Gästebetten auf 900 Einwohner ist das mitunter ein verhextes Unterfangen. Die schönen alten Fisser Bauernhäuser, von denen viele noch nach dem „Kuhmaß" (also nach Kuhlängen abgemessen) errichtet wurden, haben heute Gästezimmer angebaut oder aufgestockt und nahezu jedes zweite Haus ist ein Hotel.

Droben am Berg ist es ebenfalls turbulent geworden: Auf der Möseralm gibt es einen Funpark, der mit zahlreichen Attraktionen Besucher anzieht. Hier kann man sogar mitten im Sommer auf Kunstschnee mit einem „Snow-Tube" rodeln und die Kühe dort sind gelb und blau und aus Kunststoff: Almleben heute. Allerdings ist die Möseralm nie eine Alm gewesen, man hat den Funpark aus Bergwiesen herausgeschnitten. Eine richtige Alm mit richtigen Kühen, die richtig gut Milch geben, gibt's aber zum Glück auch noch in der Nähe: die Fisser Kuhalm.

Wenn es auf dem Weg hinauf nicht immer mit rechten Dingen zugeht, so liegt das daran, dass man sich auf dem Hexenweg befindet. Die überdimensionalen Hüte auf den Almscheunen, die aus der Ferne wie utopische Kamine aussehen, stellen demnach Hexenhüte dar. Fauler Zauber? Nicht unbedingt. Die Idee hat durchaus Charme. Noch besser gefällt mir allerdings das Distelfeld, an dem ich wenig später vorbeikomme. Die Kratzdisteln wachsen hexenhaft wild, ebenso wie der Fliegenpilz, den ich am Waldrand entdecke. Da kann der große, weit sichtbare Fliegenpilz aus Kunststoff vor der Fisser Kuhalm nicht mithalten, aber was solls, immerhin ist er nicht giftig, er hat bloß eine giftig ins Auge stechende Farbe und an diesem schönen Sommertag habe ich ohnedies die Sonnenbrille auf.

Die Fisser Kuhalm ist eine bescheidene Alm, was sie sympathisch macht. Almwirtschaftlich gesehen zeigt sie allerdings Größe: Den Sommer über wird ca. 130 Kühen an die 100.000 Liter Milchleistung abverlangt, was eine hochtechnisierte Infrastruktur von der Entmistungsanlage bis zur Rohrmelkanlage erfordert. Die Milch wird jeden zweiten Tag abgeholt und zum Milchhof gebracht, gemolken wird zweimal am Tag, am Morgen bereits zwischen drei und sechs Uhr früh, damit die Kühe zeitgerecht auf die Weide kommen. Zeitgerecht? Sie haben hier oben ja sonst nichts zu tun, außer zu fressen! Aber genau darum geht es: Kühe fressen besser am Morgen, untertags liegen sie oft lieber gemütlich auf der Weide herum oder unter den Bäumen im kühlenden Schatten.

Gemeinschaftsalmen mit besten Weideflächen

Im Gegensatz zum Tiroler Unterland, wo sich noch viele Almen in Privatbesitz befinden, sind die Oberländer Almen nahezu alle in Besitz von Agrargemeinschaften. Früher besaßen viele von den Fisser Bauern nur ein oder zwei Hektar einschnittige Bergwiesen in oft unwegsamem Gelände, das man ausschließlich über einen steinigen, schmalen Fußweg erreichen konnte. In den 1970er Jahren kaufte die Gemeinde Fiss die einzelnen Almgrundstücke auf und legte sie zusammen. Auf den Fisser Gemeinschaftsalmen stehen heute den ortsansässigen Bauern beste Weideflächen für ihre Tiere zur Verfügung und man kann großzügig nach Nutzung verteilen: Die Jungtiere bis zu drei Jahren werden auf die Schöngampalm gebracht, die trockenen und trächtigen Kühe erholen sich auf der Wonnealp vom anstrengenden Leben als Milchkuh und die Milchkühe bringen auf der Fisser Kuhalm brav ihre Leistung. Zwei Hirten und zwei Melker sind dafür verantwortlich, dass dabei alles gut abläuft.

Bei einer Herdengröße von bis zu 130 Stück müssen der Bergmeister und der Almmeister – beides sind Ehrenämter, für die sich die Bauern der Agrargemeinschaft reihum zur Verfügung stellen – einen guten Überblick bewahren. Nach dem Sommer erfolgt die Abrechnung, da bekommen die Bauern ihr „Milchgeld". Damit gerecht verteilt wird, muss der Almmeister über die Milchleistung jeder einzelnen Kuh Bescheid wissen und genaue Aufzeichnungen darüber führen.

Gut behütet:
Hexenhäuschen auf dem Weg
zur Fisser Kuhalm.

Der Bergmeister wiederum ist für den Zustand der Weide, die Erhaltung der Zäune usw. zuständig. Die Bauern helfen bei der Instandhaltung der Alm durch regelmäßige Frondienste mit. Pro Kuh muss eine halbe Schicht abgeleistet werden, das sind ca. vier Stunden.

Die Bauern kommen regelmäßig nachsehen, wie es ihren Tieren geht. Weil sie ihre Erfahrungen gerne untereinander bei einem Bier besprechen, bringt das Belebung für das Almgasthaus. Das Hauptgeschäft macht Pächter Christian Gamperl aber im Winter, dann ist die Hütte untertags pumpvoll, allerdings nur dann, wenn es genügend Naturschnee gibt, was aber in dieser Höhe auf 1768 m meistens der Fall ist. Ansonsten – Pech gehabt! Im Gegensatz zu den Pisten der Umgebung gibt es nämlich bei der Kuhalm-Abfahrt keine Schneekanonen.

Christian Gamperl versteht sich gut auf die Zubereitung von „Hexengulasch", das vor allem bei Leuten, die im Sommer auf dem Hexenweg unterwegs sind, sehr beliebt ist. Sehr zu empfehlen sind auch die frisch gefangenen Zuchtforellen aus dem kleinen Teich neben der Hütte. Es gibt sie geräuchert und gebraten. Da es erst Vormittag ist, begnüge ich mich mit einer Jause und erkunde noch die Gegend rund um die Alm. Augustin Illmer aus Fiss, der hier jahrzehntelang Waldaufseher war, hat mir von den Kalkgesteinshügeln etwas oberhalb der Fisser Kuhalm erzählt, die wie Erdpyramiden aussehen. In seiner Kinderzeit waren sie noch viel höher als heute, nämlich vier bis fünf Meter hoch. Mag sein, dass er sie als Kind höher empfunden hat, aber es stimmt, dass sie ständig abbröseln. Das weiße Mehl dieser hellen Kalkschrofen hat man früher zur Herstellung einer Waschlauge verwendet. Mindestens einmal im Jahr ging Augustin mit seiner Mutter hinauf ins Almengebiet und schöpfte das feine Kalkgeriesel in seinen Rucksack. Später spülte die Mutter dann mit dem Kalklaugenwasser die Stubenböden.

Daran erinnert sich heute kaum noch jemand, ebenso wenig wie ans „Sterbestalele". Das ist ein etwas makabrer Ort gleich hinter der Alm. Hier wurden früher die Pestkranken ausgesetzt. Damit man nicht mit ihnen in Berührung kam, stellte man ihnen das Essen an den Eingang des Grabens. Eine grausame Notwendigkeit, diese Isolationshaft auf der Alm – aber was hätte man schon anderes tun sollen! Sowohl Name und Bedeutung vom Sterbestalele sind inzwischen in Vergessenheit geraten. Dichtes Gestrüpp hat nicht nur den Graben, sondern auch die Erinnerung zuwachsen lassen. Außerdem hat man Teile des Grabens zugeschüttet und eine Planierraupe drüberfahren lassen – eine allerorts gebräuchliche Form der Vergangenheitsbewältigung. Als Aushängeschild würde sich so ein Ort nicht eignen, im touristischen Kontext erzählt man lieber Märchen statt historischer Wahrheiten. Aber einige touristische Attraktionen sind durchaus interessant und so wandere ich von der Fisser Kuhalm ca. 40 Minuten hinüber zur Frommes Alp mit Greifvogelzucht, die ich mir unbedingt ansehen möchte.

Frommes Alp: Ein Uhu namens Socke

Zur Frommes Alp leitet ein Tierlehrpfad, der über das Aussehen und die Lebensweisen heimischer Greifvögel unterrichtet. Eigentlich mag ich keine Themenwege. Meistens steht man vor vergilbten Bildern, die mit der Natur so wenig Ähnlichkeit aufweisen wie ein schlechtes Passfoto mit dem Inhaber des Passes. Handelt es sich um Themenwege über Pflanzen, wachsen die Pflanzen selten dort, wo die Schautafel steht, oder man sieht den Wald vor lauter Tafeln nicht; von den Pilzen, die ohnedies immer anders aussehen als abgebildet, ganz zu schweigen. Diesmal nehme ich mir aber doch die Zeit, mich aufs Thema einzustimmen, und erfahre, was man in dieser Gegend alles beobachten könnte: Steinadler, Uhus, Bussarde, Wanderfalken, Wald- und Steinkäuze zum Beispiel. Tatsächlich bekomme ich wenig später, als es hinaus auf die freie Wiese geht, interessante Vögel zu Gesicht. Das müssen Turmfalken sein. Man bekommt doch einen schärferen Blick, wenn man besser informiert ist.

Auch die Uhus habe ich mir auf der Schautafel ganz genau angesehen, aber als mir Christian Schmid wenig später einen seiner Zucht-Uhus präsentiert, bin ich überwältigt vom lebendigen Beispiel. Es ist aufregend, diesen beeindruckenden Vogel so nahe vor mir zu haben. Er schaut ernst und respekteinflößend und spitzt wachsam seine Federohren. Sein Spitzname lautet leger „Die Socke“, weil es aussieht, als würden seine Zehen in dicken grauen Wollsocken stecken, aus denen die Krallen hervorlugen.

„Die Socke“ kann ganz gelassen auf der Faust ihres Besitzers hocken, denn sie ist auf der Frommes Alp gut aufgehoben. Ansonsten zählen Uhus, eine Eulenart, zu den gefährdeten Vögeln. Die Hauptgefahr für sie und andere Greifvögel stellt der Verkehr dar. Straßen und Schienen sind für sie ein attraktives Jagdgebiet, weil sie hier oft verunglückte Beute-Tiere finden. Allerdings können Uhus die Geschwindigkeit von Autos und Zügen nicht einschätzen, und so werden sie oft selbst zum Opfer. Oder es erwischt sie an einem Stromzaun, der heutzutage bei vielen Viehweiden den Hirten ersetzt. Die Verletzungen bei den Greifvögeln, die zu Christian und Martina Schmid auf die Frommes Alp gebracht werden, sind unterschiedlich, aber in den meisten Fällen nicht hoffnungslos. Die beiden haben nämlich neben der Zucht auch eine ausgezeichnete Pflegestation.

Früher hörte Christian Schmid wie die legendäre Geierwally oft den Ausspruch: „Derschlag den Geier, den bringst du eh nicht auf!“ Aber mittlerweile hat sich herumgesprochen, dass hier aufgrund der fachgerechten Betreuung in Zusammenarbeit mit einer Tierklinik viele Vögel gesundgepflegt werden. Jene, deren Verletzungen nicht völlig verheilen und die deshalb nicht wieder ausgewildert werden können, finden auf der Frommes Alp eine lebenslange Bleibe.

Christian und der Star der Vogelschar:
Uhu namens Socke.

Auch mit der Aufzucht von Jungtieren haben Martina und Christian Schmid große Erfolge. Aus dem Nest gefallene oder verstoßene Findlinge werden wochenlang mit der Pinzette gefüttert und später auf Lebendfutter trainiert, sodass sie in der freien Natur überleben können. Christian Schmid ist ausgebildeter Falkner und Jäger und beherrscht dieses Training ausgezeichnet. Er hat sogar einen Steinadler für die Jagd abgerichtet. Es ist faszinierend zu sehen, wie der Adler bei Fuchs, Hase oder Reh als schnelle und tödliche Waffe agiert und auf ein Handzeichen von Christian bereitwillig und zahm zu seinem Trainer zurückkehrt. Die Jagdbeute darf der Adler behalten. Er sorgt damit gewissermaßen auch für den eigenen Lebensunterhalt. Das ist allerdings die Ausnahme, ansonsten müssen für die Zuchtvögel und Pfleglinge enorme Futterrationen herbeigeschafft werden. Allein 30.000 Eintagsküken verspeisen die in den Gehegen auf der Frommes Alp lebenden

Martina mit einem Roten Milan namens Votan.

Greifvögel jährlich, das schlägt sich aufs Budget. Aber was tut man nicht alles für ein Hobby, das längst zur Berufung geworden ist.

Christian Schmid ist gelernter Koch, war aber schon als Kind von Greifvögeln fasziniert, später steckte er mit dieser Begeisterung auch seine Frau Martina an. Als die Gemeinde Fiss den beiden einen Platz auf 1740 m Seehöhe für ein bewirtschaftetes Almgasthaus neben der Skiabfahrt Frommes Alp zur Verfügung stellte, war klar, dass sie diesen Platz auch für eine Greifvogelzucht nützen wollten. Das Gasthaus ist auch aus kulinarischer Sicht ein großer Anziehungspunkt für Skifahrer und Wanderer geworden (während der Wintersaison kocht der Hausherr selbst) und mit 350 Sommersitzplätzen auf der großen Sonnenterrasse und ca. 400 Wintersitzplätzen äußerst komfortabel und großzügig gestaltet. Das Greifvogel-Gehege bietet nicht minderen Komfort für seine gefiederten Gäste. Zudem haben die Schmids ein großes Rotwildgehege und ein Gehege für Steinböcke auf der Frommes Alp angelegt und mit ihrem Gesamtkonzept ein attraktives Ziel für unterhaltsame Familienausflüge geschaffen.

Gerne zeigen Martina und Christian Schmid ihre Greifvögel, die Führungen durchs Gehege finden bis zu zweimal täglich statt. Dort lernt man dann Raufußhühner und über elf verschiedene Greifvogel-Arten aus nächster Nähe kennen, vom europäischen Uhu über den Wald- und Steinkauz bis zum Wanderfalken und Steinadler. Jeder von ihnen findet seine Bewunderer, aber „Die Socke" ist der unangefochtene Star.

Informationen

Lage: Zur Fisser Kuhalm auf 1768 m gelangt man von Fiss aus über einen leichten Wanderweg, Gehzeit: ca. 1 Stunde, von dort aus ist man in 40 Minuten Gehzeit auf bequemem Weg auf der Frommes Alp auf 1740 m. Es gibt auch einen direkten Weg von Fiss auf die Frommes Alp.

Besonderheiten: Besonders familienfreundliche Ausflugsmöglichkeit, denn der Hexenweg (nur sommers begehbar) zur Fisser Kuhalm gefällt vor allem Kindern und auf der Frommes Alp sind die Greifvogelzucht sowie das Rotwild- und Steinbockgehege interessant.

Verpflegung: Auf der Fisser Kuhalm gibt es köstliche Speisen vorwiegend aus regionalen Produkten, darunter Hexengulasch und Zuchtforellen. Die Frommes Alp lockt in der passenden urigen Atmosphäre mit Tiroler Schmankerln, Wildgerichten und Käsespezialitäten von den umliegenden Almen und mit internationalen Spitzenweinen.

Von wilden Rindern und mutigen Pferden

Dr. Georg Speckbacher betreibt eine Tierarztpraxis in Telfs, bewirtschaftet als Biobauer den elterlichen Bauernhof in Stams und ist Obmann der Agrargemeinschaft Stams. Schon als Kind und Jugendlicher hat er viel Zeit auf der Stamser Alm verbracht und dort auch selbst Rinder gehütet. Weil er mittlerweile die Milchwirtschaft aufgegeben hat, treibt Georg jedes Jahr im Juni seine fünf Pferde auf die Stamser Alm. Seine Hirtenhunde Luna und Fippo freuen sich ebenfalls, wenn sie auf die Alm kommen. Georg Speckbacher „verleast" sie den Sommer über. Sie machen ihren Ferialjob vorrangig auf der Kemater Alm. Luna ist vor allem für Mutterkühe geeignet und Fippo ist für Schafe und Rinder zuständig.

Foto: privat

Sind Tiere, die den Sommer auf der Alm verbringen dürfen, gesünder?

Georg Speckbacher: Ja, weil durch den Aufenthalt im Freien und durch die Bewegung im Gelände ihre Fitness gesteigert wird. Tiere, die sich in frischer Luft und im Sonnenschein bewegen können, verbessern enorm ihre Konstitution und Kondition. Durch den Kontakt mit anderen Tieren bildet sich rasch eine Herde mit einer sozialen Rangordnung. Weiters wird durch den Einfluss von Wind und Wetter das Immunsystem gestärkt. Das Leben auf der Alm ist für die Weidetiere aber nicht ungefährlich. Es gibt manchmal Totalverluste. Im Durchschnitt stürzt pro Alm einmal im Jahr ein Nutztier ab. Meistens sind das Tiere, die ein bisschen ungelenk sind und sich noch nicht mit den Bedingungen auf der Alm zurechtgefunden haben. Es gibt ja auch bei den Kühen wie bei den Menschen Geschickte und weniger Geschickte oder Sportliche und weniger Sportliche. Am Anfang stellen sich viele patschert an, aber im Laufe des Sommers werden sie immer geländegängiger und wendiger. Auf jeden Fall sind gealpte Tiere, wenn sie im Herbst wieder mit den daheim gebliebenen Tieren im Stall stehen, zufriedener und ausgeglichener, da sie ein Leben in Freiheit genießen durften.

Was sind die Hauptgründe, weshalb Alminger für ihre Tiere einen Tierarzt rufen müssen?

Georg Speckbacher: Die Krankheiten von den Tieren auf der Alm unterscheiden sich wesentlich von den Krankheiten jener Tiere, die das ganze Jahr im Stall bleiben müssen. Meistens sind die Klauen, Muskeln, Sehnen und Knochen betroffen. Auch die Weideparasiten wie Magen-, Darm- und Lungenwürmer sowie Läuse, Mücken oder Zecken, die auf der Haut und den Haaren eine Schadwirkung entfalten, beeinträchtigen das Almvieh. Selten werde ich wegen einer klassischen Krankheit gerufen. Meistens geht es um eine Besamung oder um Verletzungen, wie z.B. Beinbrüche oder sonstige Lädierungen des Bewegungsapparates. In diesem Fall sind wir Tierärzte oft auch für die Bergung eines Tieres zuständig, was bei Kühen keine einfache Sache ist. Die Verletzten müssen fachgerecht ins Tal transportiert werden, im unwegsamen Gelände braucht man dazu einen Hubschrauber. Eine spezielle Aufgabe besteht weiters darin, verwilderte Tiere einzufangen, zum Beispiel Ochsen oder Kalbinnen, die sich von der Herde getrennt haben und ausgebüchst sind, weil sie vielleicht soziale Probleme in der Herde hatten. Die Hirten und Bauern allein schaffen es meistens nicht, solche Tiere wieder zurückzuholen. In der freien Natur entwickeln Rinder Instinkte wie ein Hirsch oder wie ein Bison in der Prärie. Sie reagieren überaus scheu auf jedes kleinste Geräusch, können durchaus vier oder fünf Meter über einen Bach springen, und kennen auch keinen Halt vor einem Zaun. Nahezu unglaublich,

wenn man es nicht mit eigenen Augen gesehen hat.

Kommt es oft vor, dass Rinder auswildern?

Georg Speckbacher: Leider immer öfter. Das kommt daher, dass die Bauern heute zu wenig Augenmerk darauf richten, eine Beziehung zu ihren Tieren aufzubauen. Die Domestikationseffekte erfolgen ja schon bei der Geburt eines Kalbes und deshalb ist es wichtig, dass die Bauern bzw. Tierbesitzer als Geburtshelfer dabei sind. Wenn die Kuh nicht im Beisein eines Menschen abkalbt, ist für das Kalb schon die erste Chance für eine Bindung zum Menschen vertan. Wenn dann auch noch keine Mutterkuhhaltung im Freilaufstall besteht, die ebenfalls sehr prägend ist, tun sich die Kälber prinzipiell schwer, eine soziale Bindung zu ihren Betreuern einzugehen. Solche Tiere verwildern leicht, da nützt das süßeste Lockmittel nichts. Ich muss mich an sie heranpirschen wie ein Jäger an die Beute, dann schieße ich Blaspfeile ab, um sie zu betäuben. Dabei muss auch der Platz so gewählt sein, dass sie nicht kopfüber irgendwo hinunterkollern oder zwischen den Bäumen hängen bleiben und sich verletzen. Im Zustand der Betäubung werden die wilden Rinder an das Halfter genommen und können dann leichter zum Stall des Bauern gebracht werden.

Welche Krankheiten können die Qualität der Milch beeinflussen?

Georg Speckbacher: Im Prinzip jede Krankheit, die eine Kuh bekommt, denn wenn die Kuh sich nicht wohl fühlt, wirkt sich das auf die Qualität ihrer Milch aus. Wenn eine Kuh zum Beispiel die Mauke hat – das ist bei Kühen und

Pferden eine häufig vorkommende Infektion an der Fessel oder in der Fesselbeuge – wird sie sich wegen der Schmerzen jeden Schritt zum guten Gras überlegen. Die Qualität der Milch wird hauptsächlich von Faktoren wie Wind und Wetter bestimmt, von der Hygiene bei der Milchgewinnung und von den Futtermitteln, die eine Kuh zu sich nimmt. Wird eine Kuh artgerecht gehalten, gibt sie gute Milch. Am besten schmeckt die Milch von handgemolkenen Kühen, aber das tut sich heute kaum noch jemand an, es ist nicht mehr wirtschaftlich.

Steht eine Kuh unter Stress, wirkt sich das auf den Zellgehalt der Milch aus. Industriekühe werden oft wie Batteriehühner gehalten, sie stehen ständig unter Stress. Dann verfüttert man ihnen auch noch Futter, das nicht wiederkäuergerecht ist, statt ordentliches Heu. Das Heumachen ist eine alpenländische Kunst, die langsam ausstirbt. Lieber kauft man die fertigen praktisch verpackten Silageheuballen und auch die Futtermittel werden von weither importiert. Früher hat man die Rinder auf die Alm getrieben, um das Futter am Heimathof für den Winter sparen zu können. Die traditionelle Almwirtschaft ist ohne jeglichen Energie-Input von außen abgelaufen.

Heutzutage karrt man exotische Futtermischungen und Turbopräparate auf die Berge, die Tiere legen an Gewicht zu und produzieren durch das Turbofutter Gülle, die fremd für den empfindlichen Almboden ist, Sondermüll-Gülle sozusagen. Viele Bauern verzichten mittlerweile überhaupt darauf, ihre Kühe auf die Alm zu schicken. Aber eine Turbo-Kuh mit ihrer Gewichtsmasse und ihrer Behäbigkeit wäre dort oben ohnedies verloren. Die wird niemals fit – bei ständiger Ausbeutung und Fastfood ist auch nichts anderes zu erwarten.

Bringt das Almleben auch für einen Tierarzt romantische Momente?

Georg Speckbacher: Viele schöne Momente gibt es auf jeden Fall. Ein besonderes Erfolgserlebnis für jeden Hirten – und das war ich ja lange Zeit – besteht darin, wenn er am Ende des Sommers mit mehr Tieren heimkehren kann als im Frühjahr zu ihm auf die Alm gekommen sind, wenn es also gesunden Zuwachs gegeben hat. Da freut sich natürlich auch der Bauer. Prägende Erlebnisse hängen meistens mit den Tieren zusammen. Ein beeindruckendes Ereignis war für mich im Sommer 1987, da gab es einen plötzlichen Schlechtwettereinbruch im August mit starkem Schneefall auf den Bergen. Unsere Pferde und Kühe waren in einem Kessel auf der Stamser Alm eingeschneit. Das stärkste Pferd, ein richtiges Alphatier, hat sich und den anderen einen Weg durch den meterhohen Schnee gebahnt. Ein erschöpfendes, schwieriges Unterfangen, aber es gelang. Alle Tiere konnten sich über den vom Pferd ausgetretenen Pfad befreien und in Sicherheit gebracht werden.

3. September
Tillfussalm, Wildermieming

Auf den Spuren eines Bestsellerautors

Wenn ich ins Gaistal bei Leutasch komme, muss ich immer an Edi Ganghofer denken. An Ludwig natürlich auch, aber die Geschichte von Edi kommt mir zuerst in den Sinn. Erzählt hat sie mir Hans Reznar, der von 1968 bis 1975 Berufsjäger im Gaistal war. Er hat eines Tages zum Spaß einer deutschen Touristengruppe auf der Tillfussalm seinen Jagdgehilfen als Enkel von Ludwig Ganghofer vorgestellt. Der gute Mann war nicht verlegen und spielte mit: „Sehr erfreut, Edi Ganghofer mein Name!" Die Touristen waren begeistert. Schön, wenn ein Mythos nicht nur Auswüchse zeigt, sondern auch Nachwuchs zeugt, dem man Auge in Auge gegenüber stehen kann. Die Touristen wollten Autogramme und kauften dazu das ganze vor Ort zur Verfügung stehende Ansichtskartensortiment auf. Edi schrieb seinen fiktiven Namen auf die Karten und genoss seinen kurzzeitigen Ruhm. Irgendwann würde der Spaß ein Ende haben, die Touristen würden nach Hause zurückkehren und ziemlich schnell dahinterkommen, dass es gar keinen Ganghofer-Enkel namens Edi gibt. Aber da täuschte sich Edi. Im nächsten Sommer kamen sie wieder und riefen ihm schon von Weitem zu: „Guten Tag, Herr Ganghofer!“ Edi reagierte wie das scheue Wild, wenn man ihm nachstellt, er flüchtete in den Wald.

Ein Mythos ist hartnäckig. Wegen Ganghofer – nicht dem Edi, sondern dem Ludwig – kommen auch heute noch viele Besucher ins Gaistal und begeben sich auf die Spuren des Dichters, der schrieb: „Wenn ich nach müden, kranken Stadtmonaten hinaufreise zu meinem lieben, einsamen Waldhause da droben im Wettersteingebirge, ich kann euch nicht sagen, was da in mir lebendig wird.“ Wir können es nur vermuten, was in Ludwig Ganghofer lebendig wurde: die Lebensgeister, die Liebe zur Natur und wahrschcinlich auch der Jagdinstinkt. Denn der Heimatdichter aus Tegernsee war ein passionierter Jäger und zögerte keinen Moment, als der Herzog von Oldenburg, der 1875 auf der Tillfussalm das Jagdhaus erbauen ließ, ihn im Jahr 1896 als Jagdherrn in dieses Gebiet holte.

Viele Feste und Gäste

Ein gutes Jagdgebiet war oft der Grund für frühe Ortsansiedelungen, auch in der Leutasch. Geschichtlich erwähnt wurde das Gebiet um Tillfuss bereits im Jahre 800 n. Chr., also zu einer Zeit, als Karl der Große zum römisch-deutschen Kaiser gekrönt wurde. Die Besiedelung der Leutasch erfolgte 200 Jahre später, um die Jahrtausendwende, damals entstanden aus vereinzelten Jagdhütten die ersten Urhöfe.

Wie damals und zu Ganghofers Zeit ist auch heute noch das Almengebiet rund um die Gaistalalm, die Hämmermoosalm und die Tillfussalm ein ergiebiges Jagdrevier, bekannt vor allem für das kapitale Rotwild, aber es gibt in diesem ca. 4000 Hektar großen Naturparadies, das zum Teil dem Gemeindegebiet Wildermieming angehört, ebenso Gamswild, Rehwild, Raufußhühner und Murmeltiere. Die Wanderer und Spaziergänger auf dem romantischen Ganghoferweg durchs schöne Gaistal bekommen bejagbares Wild kaum zu Gesicht, sie müssen sich mit dem Anblick friedlich grasender Kühe begnügen, die hier in schattigen Wäldern und auf Almwiesen ein vorzügliches Weideland finden. Das harmonische Gebimmel der Kuhglocken ergibt eine fein klingende Sinfonie, ansonsten liegt das Gaistal ruhig und fernab von jedem Lärm. „Der Wald lebt groß in seiner Stille", so hat Ludwig Ganghofer es voller Pathos ausgedrückt. Seinerzeit waren im Gaistal auch noch nicht so viele Menschen unterwegs wie heute, wo sich auf den umliegenden Almen scharenweise Touristen über Käsesahnetorte oder Aprikosenstrudel hermachen. Zum Glück wird man aber auch verstanden, wenn man Topfentorte und Marillenstrudel bestellt.

Steinerner Gesichtsausdruck: Ludwig-Ganghofer-Denkmal.

20 Jahre seines Lebens verbrachte Ludwig Ganghofer (1855–1920) vorwiegend in seinem Jagdhaus Hubertus auf der Tillfussalm, und zwar fast das ganze Jahr über – von der Spielhahnbalz im Frühjahr bis zur Gamsbrunft im Dezember. Mit den Einnahmen aus seinen Erfolgsromanen konnte er sich den Pachtzins für eine der größten Jagden der Nordalpen leisten, die bis nach Biberwier reichte. Er schrieb im Gaistal viele seiner bekanntesten Werke, wie „Das Schweigen im Walde". Allerdings herrschte um 1900 im Walde um die Tillfussalm nicht nur Schweigen. Er und seine Frau Kathinka, eine Wiener Schauspielerin, luden sich nämlich gerne Gäste ein, um mit ihnen rauschende Fest zu feiern.

Die Ganghofers veranstalteten regelmäßig zu festlichen Anlässen Preisschießen und es gab sogar eine Kegelbahn fürs Freizeitvergnügen. Dass die Tische sich unter feinen Jagdspezialitäten bogen, darf angenommen werden. Kein schlechtes Leben also, und es ist demnach nicht verwunderlich, dass sich um die Ganghofer'sche Gesellschaft namhafte Künstler im Gaistal versammelten – darunter Hugo von Hofmannsthal, Richard Strauss, Johannes Brahms, Johann Strauß Sohn, Rainer Maria Rilke, Ludwig Thoma, Ricarda Huch, Gerhart Hauptmann, Thomas Mann und Kaiser Wilhelm II., der als sein Lieblingsbuch den Ganghoferroman „Der Ochsenkrieg" angab. Auch der Dirigent Bruno Walter, der Sänger Leo Slezak und die Maler Franz von Stuck und Franz Defregger waren im Jagdhaus Hubertus zu Gast.

Die Jagd war für Ganghofer und seine Gesellschaft das zentrale Thema und wer sich einmal in der Morgendämmerung – auch ohne Gewehr – zu einem Pirschgang aufgemacht hat und das Balzen von Auerhähnen beobachten konnte oder plötzlich einem Gamsrudel oder gar einem Hirschen gegenüberstand, mag nachvollziehen, wie prägend solche Naturerlebnisse sind. Die einen werden naturbegeistert, die anderen schießfreudig, die anderen werden zu Dichtern, und Ludwig Ganghofer war eben ein naturbegeisterter Dichter, der gern zur Jagdflinte griff.

Für „kleinmütige Stadtmenschen" hatte er nicht viel übrig, obwohl er ja selber ein Stadtmensch war, den die Leutascher zuerst mit Argwohn beäugten. Sie demonstrierten sogar gegen ihn. Er wiederum empfand die Verhandlungen über Jagdrechte und Pacht sowie die Diskussionen über Wilddiebstähle mit den „Leutascher Dickschädeln" als Nervenkrieg.

Dichtung und Wahrheit

In seiner Literatur ging der erfolgreiche Autor von Heimatromanen und Volksstücken (seine Bücher wurden 40 Millionen Mal verkauft) mit den Stadtmenschen ebenso ruppig um – sie waren meistens dem Laster und der Verlogenheit verfallen, während die naturnahen Menschen sich in Ganghoferwerken vor allem durch Seelenadel auszeichneten. Aber Ludwig Ganghofer nur als Produzenten von Kitschliteratur und Bergromantik hinzustellen, wäre verfehlt. Er war ein vielseitig interessierter Intellektueller, unterstützte viele bedeutende Autoren sowie das Satiremagazin Simplicissimus und förderte Talente wie Karl Valentin.

Das schöne alte Jagdhaus Hubertus auf der Tillfussalm wird von einer Büste Ludwig Ganghofers bewacht, die einen ernsthaften älteren Herrn mit Brille und – wie könnte es bei einem Denkmal auch anders sein – versteinertem Gesichtsausdruck zeigt. Das Haus kann man nur von außen betrachten, da es von einem privaten Jagdpächter bewohnt

Sitz eines privaten Jagdpächters:
das schöne alte Jagdhaus Hubertus.

wird und deshalb für die Öffentlichkeit nicht zugänglich ist. Im Inneren hat sich seit Ganghofers Zeit einiges geändert, nur die alten Täfelungen mit Spruchinschriften, die Türen und eine Arbeitsecke mit nüchterner Ausstattung – Bank, Tisch und Stuhl – zählen noch zum ehemaligen Ganghofer'schen Inventar. Andere Überbleibsel aus „Seinerzeit" kann man im Ganghofer-Museum in Leutasch/Kirchplatzl besichtigen.

Ein Spruch auf einer der Holztäfelungen über einer Stubentür im Jagdhaus lautet: „Hereinspaziert, ihr kleinen Leut, hier sollt ihr schlummern wohlbetreut! Sollt in des Bergwalds frischer Luft, im Fluge froher Stunden, und bei der Alpenblumen Duft an Leib und Seel gesunden." Kleine Leute waren es zumeist allerdings nicht, die in den Genuss eines fürstlichen Jagderlebnisses gekommen sind, denn die Jagd war damals wie heute ein kostspieliges Vergnügen.

Wer es sich nicht leisten kann, einen Hirschen zu schießen oder mit der Jagd nichts am Hut hat, kann sich mit einem Hirschgulasch in einem feinen Restaurant begnügen, solche gibt es in der Gegend genug. Mit dem Ganghofer-Mythos werden in der Ferienregion Seefeld-Leutasch heute noch gute Geschäfte gemacht, vor allem im Herbst lockt die Leutasch mit Wildspezialitäten bei den Hubertus-Wochen, die hier selbstverständlich Ganghofer-Hubertus-Wochen heißen. Wenn man dann eventuell noch dazu einen Ganghofer-Enkel oder Urenkel namens Edi oder Hubertus trifft, kann man vollends eintauchen in die Gefilde der volksnahen Dichtung.

Informationen

Lage: Die Tillfussalm auf 1382 m Seehöhe liegt mitten im Gaistal, ca. 200 m oberhalb der Leutascher Ache zwischen dem Mieminger- und Wettersteingebirge. Sie ist erreichbar über einen bequemen Forstweg ins Gaistal (Höhenunterschied 102 m); nur die ersten 150 m dieses Forstweges verlaufen steil. Ausgangspunkt: Leutasch, großer, gebührenpflichtiger Parkplatz beim Salzbach am Eingang ins Gaistal.

Besonderheiten: Romantisches, vom Dichtermythos umwobenes Almengebiet. Das Jagdhaus Hubertus kann man nicht besichtigen, dafür erfährt man alles Wissenswerte über den Dichter im Ganghofer-Museum in Leutasch/Kirchplatzl. Sehenswert ist auch die Hochalm der Tillfussalm – das romantische Steinerne Hüttl. Viele Möglichkeiten für herrliche Rundwanderungen.

Verpflegung: Auf der Tillfussalm gibt es Tiroler Hausmannskost und hausgemachte Almprodukte. Besonders empfehlenswert sind auch der Kaiserschmarrn und die Schinkennudeln.

6. September
Zirmbachalm, Kühtai

Beflügelt von Harley- und Zirbengeist

Die Zirmbachalm im Sellraintal kurz vor Kühtai ist keine Alm wie jede andere. Zu manchen Tiroler Almen gelangt man erst nach einem anstrengenden Anmarsch oder Aufstieg, bei der Zirmbachalm muss man abbremsen. Sie liegt nämlich direkt an der Landstraße und es brausen vor der Haustür Autos und sommers vor allem Motorräder vorbei, denn die Straße durchs Sellraintal ist eine beliebte Motorradstrecke. Seit sich herumgesprochen hat, dass Bruno Raich, der Pächter des Zirmbachalm-Gasthauses, hervorragend kocht, bremsen immer mehr von den Fahrern und Fahrerinnen ab, um hier Halt zu machen und eine Pause zu genießen.

Das Haus und die Wirtschaftsgebäude der Zirmbachalm entsprechen ebenfalls nicht dem romantisch-idealisierten Bild einer Vorzeigealm. Es sind Zweckgebäude, wie man sie an jeder Straßenecke findet, wenn man von den alten Handwerksgeräten, Gebrauchsgegenständen und dem Trödelschmuck absieht, der den Eingangsbereich ziert. Die fehlende Idylle im Nahbereich der Alm stört die Besucher jedoch nicht. Die umliegende Berglandschaft ist imposant genug: Man befindet sich inmitten von Almrosenhängen, die auch dann einen besonderen Reiz haben, wenn sie nicht in Blüte stehen. Außerdem schmeckt der Honig von Brunos Bienen würzig nach Almrosen. Am Haus vorbei schlängelt sich der Zirmbach zwischen ergiebigen Moosbeer- und Preiselbeerschlägen, die jeweils im Spätsommer und Herbst zahlreiche Beerenpflücker ins Sellraintal locken. Und auf den Hängen im Osten erheben sich beeindruckende alte Zirbenbestände. Sie sind die Lieferanten für die Grundingredienz des hervorragenden „Zirmschnapses", den der Wirt selbst ansetzt und an seine Gäste verkauft.

Für die Herstellung des Schnapses sammelt man im Frühsommer die jungen, violetten Zirbenzapfen, schneidet sie in Scheiben und setzt sie in hochprozentigem Hausbrand an. Nach einigen Wochen wird die Flüssigkeit abgeseiht. Die in ihrem Inneren rötlichen Zapfen verleihen dem Zirbenschnaps seine typische Farbe und sein unverwechselbares, starkes Aroma. Für 60 bis 70 Liter Schnaps benötigt man eine gehörige Menge an „Zirbentatschen". In Jahren, in denen die Zirben wenig Zapfen tragen, muss Bruno Raich zum Sammeln hoch hinauf auf die Bäume, deren Äste dünn und brüchig sind. Das ist nicht ungefährlich, aber als passionierter Jäger und Sammler weiß er, dass die Natur nicht all ihre Schätze leicht preisgibt und dass man manchmal bereit sein muss, ein Risiko einzugehen, wenn man es auf besondere Spezialitäten abgesehen hat.

Wirt und Tierpräparator

Ein Risiko ist Bruno Raich, der aus Pians im Oberinntal stammende Wirt, auch mit der Übernahme des Gasthauses vor ein paar Jahren eingegangen. Ausgerechnet an jenem Abend, als er sich das erste Mal ein Bild von der bis dahin als reine Selbstversorgerhütte für Bergsteiger und Skifahrer geführten Zirmbachalm machen wollte, funktionierte das Licht nicht. Verschmitzt lächelnd erinnert er sich: „Gemeinsam mit Johann Grüner, dem neuen Obmann der Agrargemeinschaft Silz, der die Alm gehört, tappte ich mit einer Taschenlampe durch die dunklen Gänge und bekam eine Ahnung, welch schwierige Aufgabe auf mich wartete, denn es war mindestens 30 Jahre nicht in Restaurierungsarbeiten investiert worden. Doch Johanns Engagement für diese Alm, sein Optimismus und in erster Linie seine Handschlagqualität, die man in der heutigen Zeit nur mehr selten findet, und zudem noch das hervorragende Jagdgebiet rund um die Alm waren für mich Grund genug, mich hier als Wirt niederzulassen."

Es gibt in der Gegend sogar die seltenen Steinhühner, die sonstwo kaum noch zu finden sind. Sie werden aus Schutzgründen nicht bejagt, dafür gibt es eine ganze Menge anderer Wildtiere, die nach dem Tiroler Jagdgesetz bejagt werden dürfen. Einige davon und zahlreiche andere Trophäen können im Haus bewundert werden. „Aber keine Angst, nicht alle habe ich selbst erlegt!", erklärt Bruno, der seit seiner Jugend auch Tierpräparator ist.

Die Gams mit dem „letzten Bissen" wird bald selbst zum Leckerbissen.

Für viele Gäste ist die Ausstellung in ihrer beeindruckenden Vielfalt eine besondere Attraktion, sensiblere Gemüter empfinden sie mitunter als Horrorkabinett. So haben schon Gäste, die ein Zimmer gebucht hatten, auf der Schwelle kehrtgemacht und sich anderswo ein Bett zum Schlafen gesucht. So ist das eben – manche Menschen finden ausgestopfte Murmeltierfamilien putzig und ihnen gefallen Fuchsfelle mit Fuchsköpfen, die Zähne zeigen; die anderen bekommen davon Alpträume. Jene, die Alpträume bekommen, schauen sich besser nicht die frische Jagdbeute an, die Jäger außerhalb der Schonzeiten vorbeibringen oder die Bruno Raich selbst erlegt hat.

So kann sich während der Jagdsaison hinterm Haus folgendes Stillleben präsentieren: Eine Gams liegt ausgeweidet und mit noch klarem, etwas melancholischem Blick in einem Plastikschaff, ein Latschenbüschel im Maul bzw. Äser. Das Büschel symbolisiert nach altem Jagdbrauch den letzten Bissen und gilt als ein Akt der Versöhnung nach dem Tod des Wildtieres. Versöhnlich finden viele Gäste diesen Anblick keineswegs, aber auch jene, die sich das nicht ansehen wollen, entfalten gehörigen Appetit, wenn das Fleisch fachgerecht zubereitet vor ihnen auf dem Teller liegt und im Kreise bekömmlicher Beilagen verlockend duftet. Auf der Zirmbachalm kommt ausschließlich Wild aus dem heimischen Jagdgebiet auf den Tisch, nur das Fleisch für den Wildschweinbraten wird aus Niederösterreich angeliefert.

Weidende Kühe an der Motorradstrecke

Wer es lieber mit lebendigen Tieren hält, erfreut sich an Bruno Raichs aufgewecktem Rauhaardackel Zirbel, der ein richtiger Vollgebrauchshund ist, was nicht abwertend gemeint sein soll, sondern ein Qualitätsmerkmal darstellt, oder an den Kühen, die gleich neben Haus und Straße weiden. Manchmal kommen die Kühe herbei, um geparkte Motorräder zu begutachten. Die Besitzer der Maschinen nehmen das zumeist gelassen. „Diese Kühe haben Geschmack“, sagte einmal einer, an dessen Harley Davidson eine Kuh knabberte. Insgesamt verbringen zwischen 50 und 60 Milchkühe, ca. 140 Stück Galtvieh und 140 Pferde den Sommer auf den Almwiesen ringsum. Außerdem weiden an die 2000 Schafe in den Höhen. Wenn die Tiere am Ende des Sommers abziehen und in die heimischen Höfe zurückkehren, gibt es für Bruno Raich ein paar Wochen lang eine Pause vom Restaurantbetrieb. Er freut sich dann auf angenehme Tage mit Sohn Micha und seiner bergsportbegeisterten Frau Christa, mit der er gerne die Bergwege und Klettersteige rund um Kühtai nützt. Im Dezember fängt die Wintersaison an, dann kommen jene Gäste, die Halli Galli und Ramba Zamba mögen, und das kann oft ganz schön anstrengend werden, auch deshalb, weil der Chef persönlich kocht.

Bruno Raich als überzeugter Selfmademan hat sich das Kochen selbst beigebracht und freut sich, wenn es allen schmeckt. Besonders empfehlenswerte Schmankerln aus seiner Küche sind außer den Wildgerichten auch der Schweinsbraten, die Kasknödel sowie der ausgezeichnete Apfelstrudel und der Kaiserschmarrn. Viele Besucher fahren eigens wegen des Apfelstrudels vom 37 Kilometer entfernten Innsbruck herauf. Trotz des immer größer werdenden Gästezuspruchs läuft die Sommersaison wie auf vielen Almen in Skigebieten aber noch immer sehr viel schwächer als die Wintersaison. Um die Alm attraktiver zu machen, möchte Bruno, der auch eine Ausbildung zum Umweltpädagogen absolviert hat, irgendwann eine Naturteichanlage auf

Die Zirmbachalm liegt direkt an der Sellraintal-Landesstraße.

der anderen Seite der Straße anlegen. Damit wäre dann auch um die Zirmbachalm eine anregende Kleinidylle für Romantiker geschaffen.

Für den Winter würde Bruno eine finnische Sauna gefallen, Schnee zum Auskühlen gibt es in der Gegend ja genug. Manchmal sogar zu viel. Die Zirmbachalm liegt in einem Lawinenstrich und es ist schon vorgekommen, dass die Hütte eine Woche lang wegen der Schneemassen nicht verlassen werden konnte. Weil der damalige Pächter nicht genug Lebensmittelvorräte hatte, mussten die Gäste mit dem Hubschrauber abtransportiert werden. Mit Bruno Raich als Hausherrn kann das nicht so leicht passieren, er sorgt vor und hat immer so viel Essen im Haus, dass es für viele Menschen mehrere Tage lang reichen würde. „Und notfalls habe ich ein Gewehr, um damit auf die Jagd gehen zu können", sagt er schmunzelnd.

Für Unterhaltung sorgen kann der engagierte Wirt auch, denn er ist ein guter Sänger und gibt gern ein Ständchen oder ein selbstgeschriebenes Lied zum Besten. Es könnte also Schlimmeres passieren, als auf der Zirmbachalm eine Woche lang eingeschneit zu sein – vorausgesetzt, man erträgt Dutzende ausgestopfte Tiere um sich.

Informationen

Lage: Die Zirmbachalm liegt auf 1783 m Seehöhe im Sellraintal, kurz vor Kühtai, direkt an der Landesstraße. Sie ist erreichbar über romantische Wanderwege, mit dem Fahrrad, dem Auto, dem Motorrad oder dem Bus.

Besonderheiten: Die Zirmbachalm ist ein beliebtes Ausflugsgasthaus und eine willkommene Einkehrmöglichkeit für Skifahrer und Motorradfahrer. Zudem ist sie ein zentraler Ausgangspunkt für Wanderungen, Rad-, Berg- und Ski- und Klettertouren. Übernachtungsmöglichkeit: 30 Betten in Doppel- und Mehrbettzimmern mit Etagendusche stehen zur Verfügung; Skibushaltestelle direkt vor der Alm.

Verpflegung: Motorrad- und Autofahrer können aus Sicherheitsgründen keinen Zirmschnaps tanken, dafür gibt es köstliche Mahlzeiten; besonders empfehlenswert: Apfelstrudel, Kaiserschmarrn, Schweinsbraten, Kasknödel, saisonale Wildgerichte und frische Forellen aus der eigenen Fischerei in Pians. Tageskarten zum entspannten Fischen sind im Gasthaus erhältlich. An Getränken kann man vom guten Wein bis zum feinen Champagner nahezu alles bestellen. Der gute Zirmschnaps und der aromatische Alpenrosenhonig aus eigener Produktion sowie andere Tiroler Bauernprodukte werden zum Verkauf angeboten, ebenso kann man ausgestopfte Tiere bzw. Tierfelle erwerben. Auch Trödel steht zum Verkauf – eine Fundgrube für Schnäppchenjäger. Man muss mit dem Hausherrn nur geschickt über den Preis verhandeln.

8. September
Visnitz-Alpe, Kappl

Von Schmugglern und Heiligen

Dort, wo eine Grenze nicht weit ist, verlaufen in den Tiroler Bergen die alten Saum- und Schmugglerpfade. Mitunter decken sich diese Wege mit alten Pilgerpfaden, was praktisch war, weil man auf dem Weg zur Tat gleich auch Abbitte für das Vergehen leisten konnte. Aber weil es für die Schmuggler aus wirtschaftlicher Not oft ums blanke Überleben ging, haben die himmlischen Heiligen im Gegensatz zur weltlichen Justiz wahrscheinlich ohnedies in den meisten Fällen ein Auge zugedrückt.

In den Jahren nach dem Krieg florierte im Visnitztal – einem wildromantischen Seitental des Paznauntales – vor allem der Schmuggel mit Mehl und mit dem Zuckerersatzstoff Sacharin. Die Paznauner holten die Waren aus der Schweiz und verkauften sie in Innsbruck. Damals patrouillierten in den Grenzgebieten und auf den ringsum gelegenen Almen die Zöllner und drückten eben nicht immer ein Auge zu, sondern manchmal auch den Abzug ihres

Schießeisens. So wurde in den Nachkriegsjahren ein junger Mann aus Kappl erschossen, der zehn Kilo geschmuggeltes Mehl im Rucksack bei sich trug.

Schmuggler trifft man heute im Visnitztal keine mehr, dafür aber Menschen, die zur Rotwegkapelle pilgern, um für ein Anliegen zu beten. Deshalb gehen in der gläsernen Kerzenvitrine an der Außenwand der Kapelle die brennenden Lichter nie aus. Auch der junge Schmuggler aus Kappl ist dort verewigt. Die Rotwegkapelle wurde 1804 erbaut und liegt im unteren Drittel des Weges zur Visnitz-Alpe. Einmal im Jahr führt eine kirchliche Prozession vom Tal herauf und wenn es ein paar Wochen nicht geregnet hat, gibt es zusätzlich eine Bittprozession um Regen. Da staubt es dann ordentlich, weil der Weg so trocken ist, und diese Erschwernis bei der Wallfahrt nützt fast immer, was aber kein Wunder ist – schließlich befindet man sich im Tiroler Hochgebirge. Hier kommt es eher einem Wunder gleich, wenn es einmal wochenlang nicht regnet.

Öfters werden deshalb Schönwetterbittgebete zum Himmel geschickt, denn spätestens seit dem Hochwasser im Jahr 2005, das im Paznauntal große Schäden angerichtet hat, sieht die Bevölkerung vorhergesagten starken Regenfällen mit Argwohn entgegen. Für dieses Anliegen muss man dann aber auf die andere Talseite pilgern, nämlich zur Ruhesteinkapelle. Sie ist u.a. für trockenes Wetter zuständig und liegt auf dem Weg hinauf zur Sessladalpe, die ich mir an einem der nächsten Tage ansehen möchte.

Schönwetter- und Schlechtwetterwege

Für einigermaßen trainierte Wanderer ist der Weg hinauf zur Visnitz-Alpe selbst an heißen Sommertagen nicht sehr beschwerlich, man muss also nicht um einen erfrischenden kleinen Sommerregen beten. Auf einem gut ausgebauten Forstweg geht es zwischen Schatten spendenden Wäldern moderat zwei Stunden bergauf. Die Aussicht hinüber auf die Verwallgruppe wird bei jeder Wegbiegung noch beeindruckender. Wenn man um die letzte Kurve zur Alm biegt, erblickt man vom Almhaus zuerst nur das Dach, hineingeschmiegt zwischen sanfte Wiesenhügel. Mit jedem weiteren Schritt ist es eine Freude zu sehen, welch prächtiges Gebirgspanorama sich rundherum auftut.

Rudolf Jehle, der Senner und Wirt der Visnitz-Alpe, hat den Sommer über 48 Milchkühe und 35 Stück Jungvieh versorgt, hat aus ca. 30.000 Litern Milch ca. zweieinhalb Tonnen Bergkäse und eine Tonne Butter gemacht und stellt sich nun darauf ein, für diese Saison Abschied von der Alm zu nehmen. Wenn das Vieh im Tal ist, legt er noch ein paar Arbeitsrunden ein, um Stall und Wirtschaftsgebäude gründlich zu putzen. Er nimmt seine Arbeit immer sehr genau und das ist auch gut so, denn gerade bei der Käseerzeugung ist Hygiene oberstes Gebot.

Rudolf Jehles Käse findet großen Absatz, aber bei der jährlich stattfindenden Käseolympiade in Galtür will er nicht mitmachen. Er hält die Wettbewerbsbedingungen für ungerecht, weil sich dabei die kleinen Almen mit großen professionellen Sennereien messen müssen. Die großen Sennereien haben Klimaanlagen und können zwölf Monate im Jahr für beste Reifungsbedingungen sorgen, die kleinen Almen müssen sich mit bescheideneren Möglichkeiten behelfen.

Die Alm hat schon geschlossen, die ersten Herbstnebel ziehen vorbei.

Da kann es leicht passieren, dass die Qualität nicht immer gleich ausfällt, die Lochung nicht optimal ist oder kleine Risse durch den Käselaib gehen. Mit solchen ästhetischen Mängeln gewinnt auch ein Käse mit bestem Geschmack bei der Olympiade keinen Preis.

Bis in den November hinein kommt Rudolf Jehle, der im Hauptberuf als Installateur arbeitet, zweimal die Woche auf die Alm, um den Käse zu drehen und zu schmieren und auch im Winter schaut er öfters nach, ob alles in Ordnung ist. Er muss dabei darauf achten, dass die Schneeverhältnisse passen, denn das Visnitztal ist extrem lawinengefährlich. Eine Lawine war es allerdings nicht, die dem alten Almhaus auf der Visnitz-Alpe den Garaus gemacht hat, vielmehr waren es die strengen EU-Bestimmungen, die im Jahr 2003 einen Neubau nötig machten. Eine Renovierung wäre noch teurer gekommen mitsamt neuer, gesetzeskonform ausgestatteter Sennerei. Aber selbst wenn man manche Auflagen und Bestimmungen der EU für Käse hält, muss man sich doch fügen, um weiter gute Produkte verkaufen zu können.

High Noon am Mittagskopf

Robert Jäger, der bei meinem Ausflug auf die Visnitz-Alpe mein Wanderführer ist, bestätigt die Qualität von Rudolfs Almkäse und er kennt sich aus, denn er ist ein Feinschmecker und dazu ein sehr guter Koch, der oft mit seinem Schwager, dem bekannten Ischgler Haubenkoch Martin Sieberer, gemeinsame Kochsessions hält. Den Winter über bekocht Robert die Gäste des Wanderhotels Sunshine in Kappl, das seinem Bruder gehört, den Sommer über führt er die Hotelgäste in die schöne Bergwelt des Paznauntales. Die Visnitz-Alpe ist dabei immer ein erstrebenswertes Ziel für eine feine Tiroler Marend (Jause, Brotzeit). Meistens geht die Wandergruppe noch weiter auf den leicht zu besteigenden Mittagskopf (2249 m), wo man sich am besten um zwölf Uhr mittags einfindet, um dort vom Tal herauf die Kappler Mittagsglocken erklingen zu hören.

Gleichzeitig hat man vom Mittagskopf einen schönen Ausblick auf das langgezogene Dorf Kappl, das aus 90 versprengten Weilern besteht, wovon fast jeder eine Kapelle besitzt. Die Rotwegkapelle ist also in dieser Gegend bei weitem nicht die einzige Anlaufstätte für fromme Menschen. Eigentlich ist es in der Umgebung von Kappl kaum möglich, nicht auf einem Pilgerpfad unterwegs zu sein. Vor allem die älteren Einheimischen suchen sich die für ihr jeweiliges Anliegen geeigneten Heiligen aus und machen sich regelmäßig auf den Weg zu den ihnen geweihten Kapellen. Welcher Heilige hilft übrigens gegen Blasen auf den Füßen von zu engen oder bockigen Wanderschuhen? Egal, Robert Jäger hat meistens für seine Wandergruppe ein paar Pflaster im Rucksack, die helfen bestimmt.

Vom Mittagskopf aus sieht man auch hinüber auf den Hohen Riffler (3168 m) – er ist der höchste und am meisten bestiegene Berg der Verwallgruppe – und auf die Pezinerspitze (2550 m), wohin Robert die Gäste gern zu einer Sonnenaufgangswanderung führt. Wie bekommt man es hin, zeitgerecht da oben zu sein, sodass die Wandergruppe weder zu lange auf das spektakuläre Ereignis warten muss, noch zu

Senner Rudolf Jehle putzt die Geräte und macht die Alm winterdicht.

spät am Gipfel einlangt? Mittlerweile sei das leicht, sagt Robert, weil in den Tageszeitungen der Sonnenaufgang für den nächsten Tag fast auf die Minute genau vorhergesagt wird. Man muss nur die Kondition der Wanderer im Auge haben und die Gehzeit danach bemessen.

Bei seinem ersten Ausflug als Bergwanderführer zum Sonnenaufgang auf die Pezinerspitze hat er sich aber doch verrechnet. Die Gruppe traf viel zu früh am Ziel ein. Außerdem dachte er nicht daran, wie kalt es dort oben sein würde, und stand frierend auf dem Gipfel, während die ausländischen Gäste mit dicken Jacken, Handschuhen, Schals und Mützen vorbildlich ausgerüstet den ersten Sonnenstrahlen des Tages entgegensahen und das Bergerlebnis genossen. Aber auch Einheimische lernen dazu. Ein zweites Mal ist Robert das nicht mehr passiert.

Von der Visnitz-Alpe gelangt man zwar nicht auf die Pezinerspitze, dafür könnte man von hier aus in die Schweiz nach Samnaun wandern – also hinüber zu den Nachbarn. Der Name Visnitz kommt übrigens aus dem Rätoromanischen – im Namen verbirgt sich das lateinische „vis“, was Nachbar bedeutet. Das lässt darauf schließen, dass die Rätoromanen aus dem Obertal des Paznauns die Visnitz-Alpe bereits vor den Bajuwaren nutzten. Fast vier Stunden wären hinüber nach Samnaun noch zu bewältigen. Ein recht anstrengender Marsch, aber alte Schmuggler haut so schnell nichts um. Und nach der stärkenden Marend auf der Visnitz-Alpe hat man sicher genügend Kraft, dem ehemaligen Schmuggler- und Saumpfad über die Grenze zu folgen und zwar ganz gefahrlos, denn schießwütige Zöllner gibt es hier schon lange keine mehr.

Informationen

Lage: Die Visnitz-Alpe auf 1825 m Seehöhe liegt im Gemeindegebiet von Kappl (1258 m) in den Bergen der Samnaungruppe. Sie erstreckt sich über das gesamte Visnitztal, einem kleinen Seitental des Paznauntales. Der Einstieg zum Rotweg, der zur Visnitz-Alpe führt, befindet sich westlich des Ortsteils Kappl-Lochau und führt über eine hölzerne Brücke; das Auto kann man am Parkplatz der Diasbahn-Talstation abstellen.

Besonderheiten: Wanderungen auf alten Schmugglerpfaden; als Gipfeltour empfiehlt sich der Mittagskopf; vom Schwierigkeitsgrad leicht, aber es sind von Kappl herauf immerhin 1000 Hm zu bewältigen, eine gute Grundkondition sollte man also zur Besteigung mitbringen.

Verpflegung: Auf der Visnitz-Alpe gibt es frische Kuhmilch, eine gute Jause aus selbstgemachtem Käse und Butter sowie Bauernbrot und feine Jagdspezialitäten wie Hirschwurst.

Verzeihung, sprechen Sie Indogermanisch?

Nein? Auch nicht bruchstückhaft? Da täuschen Sie sich, denn daraus haben sich das Germanische, das Althochdeutsche, das Mittelhochdeutsche, unser heutiges Hochdeutsch und auch unsere Tiroler Dialekte entwickelt. Viele Namen und Ortsbezeichnungen hierzulande entstammen der Sprache unserer Vorfahren, so auch die Almnamen. Mag. Gerhard Rampl vom Sprachforschungsinstitut der Universität Innsbruck hat sie mit seinem Forschungsteam in Osttirol erforscht. Die Ergebnisse sind im Internet unter www.oeaw.ac.at abrufbar. Hier kann man auch selbst zum Namenforscher werden: Man klickt auf der Karte eine Alm an und es eröffnen sich interessante Einsichten in den Sprachgebrauch und damit auch in die Charakteristik und Geschichte einer Alm.

Foto: privat

Alm- und Bergnamen sind offenbar ein sehr ergiebiger Fundus für Sprachforscher. Ist es immer leicht herauszufinden, woher sie stammen?

Gerhard Rampl: Wenn eine Alm den Namen der derzeitigen oder früheren Besitzer trägt oder eindeutig einem bestimmten Ausdruck entspringt, ist es leicht, den Ursprung zu bestimmen. Manchmal aber stammt der Name von einer Bezeichnung, die in Vergessenheit geraten ist und weder die Besitzer noch die Pächter wissen, woher er stammt. Dann treten wir Sprachforscher auf den Plan und meistens gelingt es uns, die Herkunft des Namens zu eruieren. Am ergiebigsten ist es, wenn die Leute nicht nur über die Herkunft des Namens Bescheid wissen, sondern auch eine Geschichte zu ihrer Alm erzählen können. Manchmal enthüllen die Namen auch selbst eine Geschichte und diese dient nicht immer dem romantisch verklärten Bild vom Almleben. Auf der Seebachalm im Osttiroler Defreggental z.B. gibt es einen „Fleischbach". Er heißt deshalb so, weil sich auf der Alm eine gefährliche Absturzstelle befindet, die immer wieder unter den Tierherden Opfer gefordert hat. Sie landeten ein Stück weiter unten im Bach. Fleischbach – kein guter Name für die Tourismuswerbung, aber er enthüllt wie viele alte Namen einen Teil regionaler Kulturgeschichte.

Welche Methoden verwendet ihr, um den Worten bzw. den Namen auf den Grund zu gehen?

Gerhard Rampl: Wenn die Menschen reden, wie ihnen der Mund gewachsen ist, freut uns Wissenschaftler das ganz besonders. Wir halten mit dem Mikrofon fest, wie die heimische Bevölkerung die alten Flur-, Almen- und Bergnamen ausspricht. Denn die Lautsprache ist verlässlicher als die Schriftsprache, lässt eher auf die ursprünglichen Wortstämme schließen. Um keine voreiligen Schlüsse zu ziehen, die schnell auf eine falsche Spur führen können, müssen wir auch intensive Urkundenforschung betreiben. Wann taucht ein Name zum ersten Mal auf? Was bedeutet er in diesem Zusammenhang? Wie hat er sich im Lauf der Zeit verändert? Das sind die Fragen, die wir uns stellen. Am liebsten befragen wir auf unseren Forschungsstreifzügen ältere Bauersleute, Mägde oder Knechte, die kaum je aus ihrem Dorf oder Tal herausgekommen sind. Sie sind die wahren Sprachspezialisten ihrer Region, auch wenn sie manchmal selber nicht wissen, was ein Name bedeutet. Osttirol ist für uns Sprachforscher deshalb so interessant, weil dort gleich drei ursprüngliche Sprachgruppen zusammentreffen: das Romanische, das Germanische und das Slawische.

Kommt es oft vor, dass die Gefahr besteht, eine falsche Spur zu verfolgen?

Gerhard Rampl: Die Gefahr ist immer gegeben. Manchmal führt ein Name schnell in die Irre, wenn man die Namenforschung nicht sorgsam genug betreibt. Im Laufe der Zeit wurde z.B. aus dem Osttiroler Affental das Arvental gemacht. Affen gibt es hier keine, hat man sich gedacht, dann muss der Name also von Arve (= Zirbelkiefer) herrühren. Aber man hat sich getäuscht, denn Affen nennt man die jungen Murmeltiere, und solche gibt es viele im nunmehr fälschlicherweise so bezeichneten Arvental. Auch sind die Bezeichnungen nicht immer auf den ersten Blick logisch. Warum heißt der Kleine Solstein so, obwohl sein kleiner Bruder, der Große Solstein, nicht an seine Höhe heranreicht? Das lässt sich so erklären: Der Große Solstein war landschaftlich nutzbar und hatte deshalb die größere Bedeutung. Auf den später so genannten „Kleinen Solstein" achtete man zuerst nicht. Dieser wurde erst für die Bergsteiger interessant. Bis dahin waren die unwegsamen Berggebiete eher gefürchtet und auf die Idee, aus Spaß einen Berg zu erklimmen, kam niemand.

Kann jeder Name bis zu seinem Ursprung zurückverfolgt werden?

Gerhard Rampl: Die meisten schon. Viele Namen wanderten ganz einfach vom Tal auf die Anhöhen, als der Mensch auch die Berge benennen wollte. Diese bekamen dann meistens die zugehörigen Flurnamen. Der Hochfeiler in den Zillertaler Alpen z.B. bekam den Namen von einer tiefer gelegenen Rossweide. Hier war das Gras meistens nass und faul. Das Wort Feiler kommt von Fäulnis. Ein sehr altes, vorrömisches Wort ist „Tauern", was soviel bedeutet wie Übergang. Uns fallen da sofort die Hohen Tauern ein, aber man findet das Wort in verschiedenen Regionen, z.B. im Taurusgebirge. Immer werden wir allerdings nicht fündig. Mancher Wortursprung wird für immer ungeklärt bleiben. Wo der Name unserer Alpen herrührt und damit auch „Alpe" und „Alm", hat man bis jetzt noch nicht herausgefunden. Es ist ein uraltes, vorrömisches Wort, dessen genaue Herkunft man nicht kennt.

Das Wort „Alm" wird doch häufig von „almende" auch „allmende" abgeleitet. Es bedeutet dasselbe wie „gemoan" oder „gmoan", was einem für die gemeinschaftliche Nutzung bestimmten Wirtschaftsbereich entspricht.

Gerhard Rampl: Aber der Ursprung des Wortes „Alpe" ist damit nicht geklärt. Es ist viel älter als das Wort „Allmende" oder „Almein", kann also nicht davon abgeleitet werden. Und die Ableitung von Alpe zu Alm ist bereits eine deutschsprachige Entwicklung. Auch waren nicht alle Almen gemeinschaftlich genutzt, im Unterland zum Beispiel gab es immer viele private Almen, die nicht aufgeteilt waren. Es gibt ein paar Ansätze für Erklärungen, z.B., dass der Name von alba = weiß, also von den schneebedeckten höheren Regionen herrühren könnte, aber diese Erklärungsversuche sind wissenschaftlich nicht stichhaltig. Man muss bei der

Sprachforschung sehr aufpassen, dass man nicht verkürzte Schlüsse zieht. Aus wissenschaftlicher Sicht ist es nicht egal, ob ein Wort mit „b“ oder „p“ geschrieben oder ausgesprochen wird.

Woher kommt der sprachliche Unterschied zwischen der Alm im Tiroler Unterland und der Alpe im Tiroler Oberland?

Gerhard Rampl: Es gibt dazu eine sehr interessante Abhandlung vom Innsbrucker Universalgelehrten und Namenforscher Karl Finsterwalder. Daraus ersieht man u.a., dass das Wort Alm nicht von „Almein“ kommen kann, da es auch im Unterland noch bis in das 15. Jahrhundert „Alben“ hieß. Was die Bedeutung „Berg, Bergweide“ betrifft, die Finsterwalder angibt, so ist dies eine Annahme, die zwar berechtigt ist, aber er selber schreibt ja auch „wahrscheinlich“, weil die ursprüngliche Bedeutung nicht restlos geklärt werden kann. Es gibt dafür einfach zu wenig sprachliche Ansatzpunkte. Weiters ist aus dem Text zu entnehmen, dass die Grenze zwischen dem sprachlichen Gebrauch von Alm und Alpe ungefähr Innsbruck sei. Das war zur Zeit der Abfassung des Artikels in den frühen 1960er Jahren sicher richtig, heute ist sie aber weiter westwärts anzusetzen. Wie der Unterschied entstanden ist, beschreibt er so, Zitat:

> „Das Wort Alm … ist aus dem Wort alben, wie man es noch im 15. Jahrhundert schrieb, durch Zusammenziehung entstanden. In diesen Gegenden sagt man auch ‚die Hüttn‘ (Hütte), ‚die Garbn‘ (Garbe), ‚die Bruggn‘ (Brücke), ‚die Gloggn‘ (Glocke), ‚die Stiegn‘ (Stiege) und so früher auch die Albn. Durch den fortwährenden Gebrauch dieses Wortes ist das ‚bn‘ im Laufe der Zeit zu ‚m‘ verschmolzen worden, so daß daraus die Alm entstand. Von Innsbruck westwärts ist man mit der Endung -en nicht so freigebig; da heißt es einfach ‚die Brugg‘ oder ‚Brugge‘, ‚die Glogg‘ oder ‚Glogge‘, ‚die Stieg‘ oder ‚Stiege‘ und deshalb auch die Alp (Alb) oder Albe.“

Könnt ihr Sprachforscher es genießen, wenn auf der Alm einmal niemand den Mund aufmacht, sondern nur das Raunen der Natur zu vernehmen ist?

Gerhard Rampl: Als Mensch und begeisterter Berggeher genieße ich die Ruhe am Berg und auf der Alm, aber als Wissenschaftler bin ich daran interessiert, dass viel geredet wird. Zum Glück sind die Menschen sehr mitteilsam, es freut sie, wenn sie die alten Geschichten erzählen und ihr Wissen weitergeben können. Davon profitieren wir alle, denn es ist gut, über die eigenen Wurzeln Bescheid zu wissen.

18. September
Sessladalpe, Kappl

Alfons zieht Bilanz

An diesem Tag bin ich wieder in Kappl im Paznauntal. Der Herbst hat regenreich begonnen, es kann also nicht schaden, den Weg hinauf zur Ruhesteinkapelle zu nehmen. Sie liegt auf dem Weg zur Sessladalpe. Zur Erinnerung: Im 80-Kapellen-Dorf Kappl gibt es für fast jedes Anliegen eine Heiligenkapelle, so auch für himmlische Wetterdienste. Der Weg zur Rotwegkapelle auf der anderen Talseite (und weiter hinauf zur Visnitz-Alpe) ist der Wallfahrtsweg für Regenbittgebete bei Trockenheit, der Weg hinauf zur Ruhesteinkapelle ist der Wallfahrtsweg für Schönwetterbittgebete bei zuviel Regen. So wissen die Kappler immer, auf welche Seite sie sich schlagen müssen.

Einmal haben sie aber wohl die Wallfahrt versäumt oder auf die falsche Talseite verlegt, das war im schlimmen Hochwasserjahr 2005. Da schäumten nach tagelangen heftigen Regenfällen die Flüsse und Bäche über, u.a. auch der Sessladbach. Alfons Stark, Hirte und Senner auf der Sessladalpe, war damals auf der Oberen Sessladalpe bei den Kühen, der Weg zur Unteren Sessladalpe war plötzlich durch Geröll, Muren und tobende Wassermassen verlegt, sämtliche Übergänge über den Bach hatte es fortgerissen. Eine doppelte Katastrophe, denn alle Gerätschaften für die Weiterverarbeitung der Milch zu Butter und Käse befanden sich im unteren Almgebäude.

Alfons hatte im Radio gehört, dass untertags Hubschrauber die Almengebiete abfliegen würden um nachzusehen, wo Hilfe benötigt werde. Sein Plan war, vom Hubschrauber die Geräte auf die Obere Sessladalpe fliegen zu lassen, aber das brauchte Vorbereitung und dazu musste er über den reißenden Bach. Die Frage war bloß wie. Anderweitig war vorerst keine Hilfe zu erwarten, die Einsatzkräfte kämpften drunten im Tal mit den Folgen der Katastrophe, dort standen Häuser unter Wasser, Menschen mussten evakuiert werden, außerdem waren große Teile der Straße weggerissen und das Paznauntal von der Außenwelt abgeschnitten.

Tobendes Hochwasser

Alfons erzählt mir die Geschichte mit Blick auf den Sessladbach der an diesem Tag munter, aber harmlos zu Tal sprudelt. Es ist die letzte Woche in diesem Sommer auf der Alm, am Wochenende wird das Vieh zu Tal getrieben, die letzten Abrechnungen müssen bilanziert werden und auch sonst ist es Zeit für eine Rückschau. Aber die Ereignisse dieses Sommers werden immer wieder von den Bildern des Katastrophensommers überlagert.

„Du kannst dir nicht vorstellen, wie es hier ausgesehen hat", sagt Alfons. „Das war die Hölle." Ich stelle es mir vor: inmitten des Infernos Alfons, der auf die andere Seite des tobenden Wildwassers will. Und was macht er? Er beginnt eine am Ufer wachsende Lärche anzusägen, um sie als Brücke zu benützen. Bei der ersten gelingt das nicht mit seiner kleinen Handsäge, die er vorsorglich mitgenommen hat, die zweite, etwas kleinere Lärche fällt dann genauso, wie er es geplant hat. Aber es ist kein mächtiger Baum, auf den als Brücke Verlass wäre. Alfons probiert es trotzdem. Er balanciert ein paar Schritte, dann tastet er sich wieder zurück. Zu gefährlich. Wenn er abrutscht, bedeutet das sein Todesurteil. Aber Alfons gibt nicht auf, er probiert es von Neuem. Trittsicher ist er ja, aber der Baum ist nass und rutschig und der Stamm verdünnt sich zum anderen Ufer hin.

Es gibt eine Gespenstergeschichte von der Sessladalpe, da stürzte einmal eine Kuh zu Tode, weil sie auf nassen Baumrinden ausglitt. Die Rinden hatte der Hirte gestreut, weil er die unliebsame Kuh loswerden wollte. Sie marschierte täglich in die Bergwiesen und trampelte das Gras nieder. Es hat Zeiten gegeben, da war ein Kuhleben fast so viel wert wie ein Menschenleben. Der Hirte musste den Frevel bitter büßen, indem er nach seinem Tod als Almbutz herumgeisterte, die meiste Zeit in Form eines Schafes. So ist das auf der Alm, man darf sich nicht gegen die Natur versündigen, aber was ist, wenn die Natur sich selber wie toll gebärdet? Alfons hätte aufgeben können. Niemand hätte ihm einen Vorwurf gemacht. Aber die gute Milch wäre verdorben und das wäre einem Frevel gleichgekommen.

Die Angst, eine Verfehlung gegen die Natur zu begehen, kann pflichtbewusste Almmenschen in klassische Konflikte stürzen. So hat ein Senner Ende des 19. Jahrhunderts gezögert, einen Brand, der in der Hütte der Unteren Sessladalpe ausbrach, mit der in Bottichen lagernden Milch zu löschen. Er rannte lieber mit Kübeln zum Bach hinunter, um Wasser zu holen. Ein hoffnungsloses Unterfangen, die Hütte brannte völlig ab. „Mit der Milch wär's geglückt", meint Alfons, „aber die Überwindung war wohl zu groß für den Senner."

„Steinreich" im wahrsten Sinn des Wortes: die Obere Sessladalpe.

Und wie überwand sich Alfons, letztlich doch über den Baumstamm zu balancieren? Wenn ein Hirte und Senner aufrechten Willens ist, dann helfen ihm die Heiligen oder die freundlich gesinnten Almgeister auch über Abgründe hinweg. Alfons dachte aber weder an Heilige noch an Gespenster, er setzte einfach irgendwann einen Fuß vor den anderen und schaffte es ans andere Ufer. Ein paar Stunden später kam der Hubschrauber und flog die Gerätschaften hinauf zu Oberen Sessladalpe. Die Kühe konnten gemolken, die Milch weiterverarbeitet werden, ein Stück zurückgewonnener Alltag inmitten der Katastrophe.

Und Gespenster gibt es doch

Wenn Alfons davon erzählt, sieht man ihm an, wie sehr ihn diese Geschichte noch immer bewegt. Er ist jetzt mittlerweile seit 36 Saisonen Hirte und Senner auf der Sessladalpe, da erlebt man schon einiges und man könnte tatsächlich beginnen, an gute und böse Geister zu glauben. Nun ja, nicht wirklich an Geister, obwohl ... Einmal habe es überraschend geschneit, erzählt Alfons weiter, er war allein auf der Alpe und wusste nicht, was er zuerst tun sollte: die Melkarbeit erledigen oder jenen Kühen nacheilen, die im Begriff waren, wegen des Schnees ins Tal abzusteigen. Da kam ihm ein vermummter alter Mann zu Hilfe, der im Schneegestöber die Kühe wieder nach oben zur Hütte trieb. „Er hat kein Wort gesprochen und ich hab ihn danach nicht mehr gesehen. Er war wie vom Erdboden verschluckt."

Sogar am helllichten Tag erfasst einen ein Schauder bei solchen Geschichten, deshalb redet Alfons schnell wieder über das Tagesgeschäft auf der Alm. Trotz der vielen Modernisierungen sei die Almarbeit im Laufe der Zeit nicht einfacher geworden, oder zumindest nur in Teilbereichen, sagt er. Natürlich waren die Zeiten früher hart. Der gebürtige Kappler half schon als Zehnjähriger auf der Sessladalpe mit. Seine Aufgabe war es, die Kühe auf der oberen Alpe zusammenzutreiben, damit sie dort gemolken werden konnten. In stockdunkler Nacht musste er aufbrechen und wenn er beim ersten Zusammentreiben nicht alle Kühe erwischte, musste er den langen Weg zweimal zurücklegen. Anschließend half er, die Milch zur Unteren Sessladalpe zu tragen, wo sie weiterverarbeitet wurde. Zehn Liter Milch wurden ihm auf dem anstrengenden Abstieg mindestens aufgebürdet, eine Knochenarbeit für einen Zehnjährigen.

Heute hat Alfons eine moderne Sennereiküche zur Herstellung von Butter und Käse, und die Milch muss nicht mehr so weite Wege geschleppt werden. Allerdings seien die Kühe schwerer zu hüten, seit man die heimischen Rassen mit industriekonformen amerikanischen Rassen gekreuzt habe, behauptet Alfons. Der amerikanische Anteil mache sie ungelenkig, was sich auch in der Unfallstatistik niederschlage: Allein in diesem Sommer haben sich auf der Sessladalpe zwei Kühe schwer verletzt und eine ist abgestürzt. Verweichlicht sei das Vieh leider auch. Früher wurden die Kühe schon auf der Heimweide abgehärtet und ans Leben im Freien gewöhnt, heute müsse man aufpassen, dass sie, direkt aus dem Stall kommend, an den ersten Tagen auf der Alm keinen Sonnenbrand bekommen. „Die sind leider nicht so gescheit, sich in den Schatten zu legen. Man ist regelrecht gezwungen, sie mit Sonnenschutz einzureiben und vielleicht wäre es noch angebracht, ihnen Sonnenschirme aufzuspannen“, sagt er schmunzelnd.

Mag sein, dass die Kühe ungelenkiger und empfindlicher werden, auf jeden Fall werden sie weniger. Die Sessladalpe hat mit einem

Senner Alfons sinniert über seine aufregenden Almerlebnisse.

ständigen Rückgang der Milchkühe zu kämpfen. Bei der allgemeinen Milchwirtschaftskrise kein Wunder. Dr. Peter Zangerle von der Agrargemeinschaft Sessladalpe erzählt mir, dass die Rentabilität der Alm stark gefährdet sei. Noch wird die Alm mit bis zu 40 Milchkühen pro Saison bestoßen, rutscht die Zahl unter 30, wird die Sessladalpe aus wirtschaftlichen Gründen wahrscheinlich aufgegeben werden müssen. Wenn also am Ende dieser Septemberwoche das Vieh wieder zu Tal getrieben wird, kommt neben der Wehmut des Abschieds auch die Unsicherheit über die Zukunft dazu. Das ist auf der Sessladalpe nicht anders als bei vielen anderen Almen in Tirol und im ganzen Alpenraum.

Die steinernen Majestäten der Verwallgruppe wie zum Beispiel der Kappler Kopf oder die Rugglespitze, die das Ambiente der Sessladalpe mit ihrem atemberaubenden Panorama prägen, wird das nicht kümmern. Und es bleibt ohnedies nichts anderes übrig, als zuerst einmal den Winter kommen zu lassen und darauf zu hoffen, dass der Frühling bessere Aussichten offeriert. Einstweilen kann man sich ja mit Spektakeln ablenken. Für diese Woche bleibe ich deshalb im Paznauntal und sehe mir am Wochenende den Almabtrieb in Ischgl an, wo die Kühe von der bekannten Fimba Alpe heruntergetrieben werden. Rund 200 almgrasgenährte, prächtige Milchkühe drängen sich dabei festlich geschmückt durchs Dorf. Ein erhebender Anblick, der zumindest eine Zeitlang nicht an Milchwirtschafts- und andere Krisen denken lässt.

Informationen

Lage: Die 375 ha große Sessladalpe von Kappl erstreckt sich zwischen 1600 und 2500 m Seehöhe; die untere Sesslad-Sennhütte bzw. Thaja liegt auf 1830 m. Von Kappl/Höfen aus führt ein Forstweg zur Dias Alpe und Ruhesteinkapelle, nach der Kapelle führt links der Forst- bzw. Fußweg durch den Sinsnerwald zur Unteren Sessladalpe. Oder man fährt mit der Kappler Bergbahn bis zur Dias Alpe und wandert von dort nahezu eben hinüber zur Alm.

Besonderheiten: In diesem herrlichen Panorama ist jeder Schritt ein Genuss, außerdem befindet man sich auf dem „kulinarischen Jakobsweg" in der Genussregion Paznaun. Eine ausgedehnte Wanderung garantiert in diesem Gebiet demnach auch köstliche kulinarische Stärkungen und Alfons' Käse gehört auf jeden Fall dazu.

Verpflegung: Auf der Unteren Sessladalpe kann man Almbutter und einen hervorragenden Käse kaufen, wenn der Senner gerade da ist, Einkehrmöglichkeit gibt es hier aber keine. Dazu muss man ca. 1 Stunde auf die Niederelbehütte (2310 m) weiterwandern. Sie ist von Ende Juni bis Ende September bewirtschaftet.

15. Dezember
Bärenbadalm, Jochberg

Angus-Koteletts auf der Gusto-Skihütte

„Na, Skihaserl, was kann ich für dich tun?", fragt der junge Kellner in der vollbesetzten Skihütte der Bärenbadalm. Ich kippe fast vom hochbeinigen Hocker. So hat mich schon lange niemand mehr angeredet. Er meint tatsächlich mich, also gebe ich cool meine Bestellung auf. Wenn man inmitten der Ski-Schickeria sitzt, kann man sich nicht aufführen wie die Einfalt vom Land. Während ich auf mein Angus-Kotelett warte, schaue ich mich nach anderen Skihaserln um, es gibt hier ja genug davon. Eines, das aussieht wie ein Schneehase oder Albino, quert soeben den Saal: weißer Skioverall, weiße Handschuhe, weiße Fellmütze, weiße Skischuhe. Gute Tarnfarbe im Schnee, aber für die trendige Piste, wo jeder gesehen werden will? In der Nähe der Bar jedenfalls erweckt das Skischneehaserl Aufmerksamkeit und der dienstbeflissene Kellner hoppelt gleich hinterdrein. Jetzt hat er mich sicher vergessen und ich werde lange auf mein Essen warten müssen.

Ist aber nicht so. Alle bekommen hier die gleiche professionelle Aufmerksamkeit, das Essen wird trotz vollen Betriebs um die Mittagszeit schnell serviert und schmeckt auch noch gut. Das Angus-Rind, dessen Kotelett ich genüsslich verzehre, hat in der Sommersaison zuvor noch draußen vor dem Fenster geweidet. Ich versuche mir vorzustellen, wie die Bärenbadalm sommers aussieht. So wie viele Skiberge vermutlich: ein kahlgeschlagener Hügel, in dem die Stützen der Schneekanonen im angegriffenen Körper stecken wie Akkupunkturnadeln, die saisonbedingt stillgelegten Liftanlagen wie funktionslose Organe, die darauf warten, dass wieder Blut durch die Adern gepumpt wird. Nun ja, ein bisschen ist es tatsächlich so, die Schneekanonen sind allerdings abmontiert und statt den Skikanonen, die sich sommers hier auch nicht als Wanderer heraufbequemen, weil die Hütte geschlossen hat, bevölkern Angus-Rinder die Alm.

Lila Kühe kennt dank Schokoladewerbung inzwischen fast jeder, die glänzend schwarzen Angus-Rinder, die da und dort heimische Weiden und Almwiesen bevölkern, sind noch gewöhnungsbedürftig. Die dunkle Farbe und die kurzbeinige, bullige Statur flößen Respekt ein, aber es kann ja nicht schaden, Respekt vor Kühen zu haben. Seine Aberdeen-Angus Rinder seien jedoch eine äußerst friedliche Rasse, bestätigt der Besitzer der Wirtsalm und der dazugehörigen Skihütte Bärenbadalm, Oswald Hochfilzer. Und so sind die Weidezäune auf der Wirtsalm und am Bärenbadkogel hauptsächlich zum Schutz der Tiere aufgestellt, damit diese sich nicht im weiträumigen Gelände verlaufen.

Rund 80 Stück Angus-Rinder gehören der Bauern- und Gastronomenfamilie Hochfilzer aus Jochberg. Sie grasen sommers auf dem ca. 200 Hektar großen Gebiet rund um die Wirtsalm und am Bärenbadkogel, also dort, wo im Winter auf den Skipisten ein reges Treiben herrscht. Der Grund, weshalb sich mittlerweile viele heimische Bauern für diese oder andere „exotische" Rinderrassen entscheiden, liegt einerseits in der gestiegenen Nachfrage, andererseits aber auch darin, dass diese Ein-Nutzungsrinder sehr genügsam und pflegeleicht sind. Viele Nebenerwerbsbauern sehen darin eine Möglichkeit, auf rentable Art Viehzucht zu betreiben. Die Haltung von Zwei-Nutzungsrindern wie zum Beispiel von Tiroler Grau- oder Braunvieh ist sehr arbeitsintensiv, weil man sich auch um die Milchproduktion kümmern muss. Angus-Rinder bekommen im Winter einen Haarpelz und können notfalls das ganze Jahr ohne Stall auskommen, wenn sie einen trockenen, überdachten Unterstand haben. Die Mutterkuhhaltung ist im Gegensatz zu hochgezüchteten Rassen, die oft schon ihre Mutterinstinkte verloren haben, bei Angus-Rindern problemlos. Die Kälber bleiben bis zur Entwöhnung, also ca. zehn Monate, bei ihren Müttern, nehmen während dieser natürlichen Aufzuchtsperiode rund 3000 Liter frische, naturbelassene Vollmilch zu sich und erlangen dadurch eine hohe „Schlachtkörperqualität", wie es im unsensiblen Fachjargon heißt.

Da sich die Tiere immer in der Gruppe aufhalten, hat der Hirte auch weniger Arbeit beim Suchen. Die Herde ist schnell gefunden, Außenseiter gibt es kaum. Nur die Mütter mit ihren neugeborenen Kälbern sondern sich ein wenig ab, bis die Kleinen so weit sind, in die Gruppe aufgenommen zu werden. Außerdem wachsen die schottischen Angus-Rinder rasch und sind noch dazu genetisch

Die Skiberge türmen sich in der Wintersaison jeden Tag aufs Neue.

hornfrei, was wiederum die Prozedur der Hornentfernung erspart. Soviel Genügsamkeit bei einer Fleischmasse von ca. 700 bis 800 Kilo Lebendgewicht macht den Schotten Ehre und den Bauern Freude. Kein Nachteil bei alledem Nutzen? Nun ja, weil sie so frühreif sind, verfettet ihr Körper schnell, aber da hilft wiederum das Almleben, die Kühe fit und bei bester Fleischqualität zu halten. Obwohl sie wie im Fall der Bärenbadalm neben Liftstützen grasen, haben sie keine Aufstiegshilfe, die sie zu den zarten, feinen Bergkräutlein ganz nach oben bringt.

Wirtsalm ohne Wirtshaus

Natürlich merkt man auf der Bärenbadalm auch in der schneefreien Jahreszeit, dass man sich mitten in einem Skigebiet befindet. Die aufgetürmten Tische und Stühle vor dem geschlossenen Hüttenensemble der Bärenbadalm vermitteln selbst mitten im Sommer ein Bild der Ruhe vor dem großen (An)Sturm. Der Gedanke an Schnee liegt buchstäblich in der Luft und neben der Liftanlage der Kitzbüheler Bergbahnen hat man von hier aus auch schneebedeckte Berggipfel immer im Blick: Die Hohen Tauern mit dem Großglockner sind beeindruckend nahe.

Im Sommer wird die Hütte der Bärenbadalm nur für private Feste geöffnet. Wanderer können höchstens bei den Hüttenfenstern hineinspähen und sich vorstellen, wie ausgelassen es hier im Winter in den Gasträumen und auf der großen Sonnenterrasse zugeht. Oswald Hochfilzer hat die Dimensionen großzügig bemessen und eine Skihütte bauen lassen, die hohe Ansprüche mit Tradition verbindet. Es sind genaugenommen drei Hütten in einer: das Steinhaus mit offenem Kamin, komfortablen Lodencouchen und einem riesigen Panoramafenster mit wunderbarer Aussicht zum Massiv der Hohen Tauern, das Haupthaus mit der großen Bar und eine dritte Hütte mit zwei gemütlichen Jägerstuben.

Die erste Betriebssaison fiel für den Jungunternehmer, der jahrelang erfolgreich mit dem Ski-Cross-Zirkus durch die Welt tourte und sich dabei Anregungen für sein Skihüttenkonzept holte, in eine schwierige Phase. Es war der schneearme Winter 2006/2007. Damals musste das Hahnenkammrennen nach intensiven Rettungsbemühungen der Organisatoren schließlich doch abgesagt werden, weil Sturm Kyrill den mit großem finanziellem Aufwand herbeigeschafften Schneeteppich über Nacht hinwegfegte. Die Hahnenkammabfahrt wirkte damals wie ein ausgefranstes weißes Band inmitten grüner Wiesen und Wälder, auf dem Bärenbadkogel sah es auch nicht besser aus. Das Geschäft auf der Bärenbadalm florierte trotzdem.

Zusammengeklappt:
Winterliches Stillleben
abseits des Rummels.

Das mag neben dem ausgewogenen Musik- und Unterhaltungskonzept und der gepflegten Atmosphäre auch auf die gute Küche zurückzuführen sein, deren Qualität sich rasch herumgesprochen hat. Auf der Bärenbadalm werden qualitätvolle regionale, bäuerliche Produkte aufgetischt, ebenso Fleisch und Wurst aus der hauseigenen Jagd sowie Saiblinge und Forellen aus dem nahegelegenen Fischteich. Mit dem beliebten, fein marmorierten Fleisch aus der Angus-Zucht wird nicht nur der Eigenbedarf für Familie und Restaurant gedeckt, sondern es wird auch ins In- und Ausland verkauft. Wer ein wahrer Fan geworden ist, kann auf der Bärenbadalm sogar Angus-Würstl bestellen.

Etwas unterhalb der Bärenbadalm liegen die beiden Almhäuser der Wirtsalm, wo der Alminger zusätzlich zu den Angus-Rindern Milchkühe von Bauern aus der Umgebung versorgt. Aber auch er betreibt keine Wirtschaft zur Verköstigung von Gästen, es handelt sich um eine Wirtsalm ohne Wirtshaus. Bei einer Wanderung in dieser Gegend also unbedingt einen Rucksack mit guter Jause mitnehmen. Oder im Winter zum Skifahren kommen, das Highlife auf der Bärenbadalm genießen, dabei nicht den Schotten spielen, sondern sich von der Speisekarte inspirieren lassen und probieren, wie gut ein Angus-Kotelett oder ein Angus-Würstl schmeckt.

Informationen

Lage: Die Bärenbadalm liegt direkt am Bärenbadkogel auf 1870 m Seehöhe mitten im Skigebiet der Kitzbüheler Alpen. Die Wirtsalm ohne Wirtshaus liegt auf 1450 m Seehöhe am Südhang des Bärenbadkogels. Als Wanderung auf den Bärenbadkogel empfiehlt sich allerdings eher die Route über die Bruggeralm. Der Weg ist gut beschildert und führt vom Parkplatz des Wagstätt-Liftes in Jochberg weg. Für den Aufstieg braucht man ca. 2 ½ Stunden.

Besonderheiten: Im Sommer kann man auf der Bärenbadalm Angus-Rinder weiden sehen, deren feines Fleisch man im Winter auf der Bärenbadalm-Skihütte zu essen bekommt. Die Skihütte der Bärenbadalm ist übrigens einige der wenigen barrierefreien Skihütten Tirols und für Rollstuhlfahrer geeignet. Im Winter kann man mit der Skischaukel der Kitzbüheler Bergbahnen das ganze Skigebiet nützen.

Verpflegung: In der Wintersaison feine regionale Spezialitäten aus eigener Jagd, Fischerei und Landwirtschaft, vor allem vom Angus-Rind. Im Sommer ist die Hütte geschlossen.

Sehnsuchtsort Alm

32 Sommer war der Nauderer Bauer Hans Fili (Jahrgang 1924) Senner und Hirte, meistens auf der Tscheyalm von Nauders. Sein Abschied vom Almleben ist nun schon viele Jahre her, aber die Alm ist noch immer sein großer Sehnsuchtsort geblieben. Aus gesundheitlichen Gründen kann er nicht mehr in so hohe Höhen hinauf. Ich traf ihn und seine Frau Franziska (Jahrgang 1933) deshalb im Bauernhaus der Familie Fili in Nauders. Wie gut die beiden aufeinander eingespielt sind, zeigt sich schon daran, dass ich fast keine Fragen zu stellen brauchte.

Hans: Heute sagt man sehr schnell zueinander „Du", aber ich sage „Sie" zu Ihnen, ich habe zu Frauen außerhalb meiner Familie immer „Sie" gesagt, das gebietet der Anstand. Ich sage Ihnen jetzt einmal etwas: Wie so ein Almleben abläuft, welche Strapazen das birgt und wie hart das früher war, das können Sie sich heute gar nicht mehr vorstellen.
Franziska: Nein, das kann sich eine Stadtfrau nicht vorstellen.

Hans: Als wir jung waren und es noch nicht so viel Komfort gegeben hat, war Franziskas Schurz den ganzen Winter über vorne gefroren, weil sie die Wäsche draußen am Dorfbrunnen waschen musste. Und es gab immer etwas zu waschen, wir waren ja eine große Familie.

Sie haben 12 Kinder …

Franziska: Ja, das ist hart, das würde ich keiner Frau wünschen.

Im Sommer hat Hans ein paar Kinder mit auf die Alm genommen, die anderen blieben bei mir herunten in Nauders und halfen bei der Bauernschaft und im Haushalt mit, oder sie waren noch zu klein, um mithelfen zu können und mussten versorgt werden. Einer unserer Buben war erst neun Monate alt, als Hans ihn mit auf die Alm genommen hat. Ich hatte damals eine Operation hinter mir und war schon mit der anderen Arbeit überfordert. Meine größte Sorge war, dass das Kind dort oben zu kalt haben könnte. Es ist bei uns ja oft auch im Sommer elendiglich kalt auf der Alm. Zum Glück ist auch die älteste Tochter mit hinauf auf die Alm und hat sich hervorragend um den Kleinen gekümmert.

Hans: Die Sorge war umsonst, es ist ihm sehr gut gegangen bei uns. Er hat dort oben sogar das Reden gelernt. Er hat gehört, wie ich die Tiere gerufen habe, das hat ihm gefallen und er hat es nachgemacht. Ich hatte ja immer eine sehr gute Beziehung zu den Tieren. Ich bin um halb fünf aufgestanden und bevor ich noch mit der Arbeit richtig loslegte, hab ich mit ihnen gesprochen und sie gekrault.
Ich musste auf ungefähr 1000 Schafe, etliche Rösser und auf über 400 Stück Rindvieh aufpassen, ein paar Milchkühe, aber hauptsächlich Galtvieh. Ich habe sie alle gekannt, nicht nur meine eigenen, das waren nicht viele, ich selber hatte nur ein paar Milchkühe.
Die meisten Rinder kamen von anderen Bauern, es war ja eine Gemeinschaftsalm. Es waren auch Tiere aus dem Vinschgau darunter. Einmal kamen Vinschgauer Bauern nachsehen, wie es ihren Tieren ging, aber sie vermissten eine Kuh. Sie beschrieben sie mir und ich sagte: Tut mir leid, so eine Kuh habe ich nicht in der Herde. Tatsächlich stellte sich heraus, dass die Kuh gar nicht auf der Alm angekommen war. Sie war drüben auf der Südtiroler Seite beim Auftrieb abgestürzt, aber die Bauern hatten das nicht bemerkt. Die Tiere haben auch immer auf mich gehört. Einmal hat ein Viehdoktor zu mir gesagt, einen Hirten, dem die Tiere derart aufs Wort folgen wie mir, hätte er bisher noch nie getroffen. Das hat mich stolz gemacht.

Franziska: Ja, das hast du wirklich immer gut gekonnt, mit den Tieren.

Hans: Na ja, es ist ein guter Berg und der Hirt war auch was wert.

Franziska: Zu Hause war er halt selten. Er musste den ganzen Sommer auf der Alm sein.

Hans: Manchmal haben mich die Leute gefragt, wie wir zu so vielen Kindern gekommen sind, wenn ich doch immer auf der Alm war und Franziska im Tal. Denen hab ich dann gesagt, das geht doch auch so im Vorbeigehen.

Franziska: Ja, aber hart war es schon.

Sie hätten den Hans vielleicht öfters wirklich vorbeigehen lassen sollen?

Franziska: Nein, nein, das hat schon alles seine Richtigkeit!

Hans: Die Alm hat uns geholfen, sie alle zu ernähren. Riesige Butterberge habe ich für meine Kinder ge-

macht und sehr viel guten Käse. Das ist ihnen nicht schlecht bekommen, wenn man sie so anschaut.

Ist in diesen vielen Jahren auf der Alm auch ein Unglück passiert? Gab es gefährliche Situationen?

Hans: Ich darf gar nicht sagen, wie oft mir dort oben der Tod leibhaftig gegenübergestanden ist.
Franziska: Sag's besser nicht! Ich will's gar nicht hören. Sonst kann ich heute Nacht nicht mehr schlafen.
Hans: Mindestens fünfzehn Mal!
Franziska: Mit einem Schutzengel allein wäre er da nicht durchgekommen.
Hans: Zweimal bin ich unter eine Lawine geraten, als ich bei einem überraschenden Wintereinbruch nach den Schafen sehen wollte. Zum ersten Mal war das 1960. Es hat mich immer wieder in den Schnee gegraben und ich bin jedesmal wieder hochgekommen. An einem großen Stein blieb ich dann hängen, während die Schneemassen rechts und links von mir zu Tal gedonnert sind. Ich habe den Schnee fast nicht aus Nase und Ohren bekommen, so hart war er. Meinen Stock hatte ich noch in der Hand, aber mein Hund und mein schöner Hut waren weg. Ich wollte mir dann zuerst eine Zigarette drehen, aber ich habe so gezittert, dass das nicht möglich war. Mein Hund ist später in der Nacht nach Hause gekommen, aber mein schöner Hut blieb verschollen.
Bei der zweiten Lawine ein Jahr darauf war es noch ärger, da hatte ich Schneeschuhe an und war bis zum Bauch eingegraben. Ich hatte keine Chance, mich zu befreien, und dachte, ich muss jetzt elendig zugrunde gehen. Ich habe mich selten gefürchtet, aber damals hatte ich Angst zum Gott Erbarmen. Aber dann hat sich ungefähr nach einer halben Stunde der Riemen von meinem rechten Schneeschuh gelöst, ich bekam ein wenig Fußfreiheit und konnte mich nach

und nach mit den bloßen Händen selber ausgraben.
Franziska: Als er nach Hause kam, war er noch immer schneeweiß.
Hans: Es war trotzdem eine schöne Zeit. Jeder Sommer war wunderbar. Wenn ich mir noch einmal etwas wünschen dürfte, dann wäre es ein Sommer auf der Alm als Hirte. Aber das geht nicht, der Wunsch ist nicht zu erfüllen.

Hat sich seit damals auf der Alm viel verändert?

Hans: Unser Sohn ist jetzt auf der Tscheyalm Hirte und er macht das sehr gut. Aber die neue Hütte gefällt mir nicht. Das Dach ist viel zu niedrig.
Franziska: Das wird schon seinen Grund haben.
Hans: Sie gefällt mir trotzdem nicht. Aber ich sehe sie ja ohnedies nicht mehr. Ich komme nicht mehr auf die Alm. (Hans schweigt sichtlich bewegt, muss sich schnäuzen.)

Können Sie sich noch an Ihren letzten Tag auf der Alm erinnern?

Hans: Das will ich gar nicht.
Franziska: Das war ein schlimmer Tag, gell?
Hans: Der schlimmste von allen! Mein ganzes Leben hab ich nicht geweint, nicht einmal in den ärgsten Situationen, aber wenn ich heute an die Alm denke, dann schießen mir die Tränen in die Augen. Es ist verflixt.

Hans beginnt wieder übers Almleben zu erzählen. „Weißt du", sagt er schließlich zu mir, „ich war 71 Jahre alt, als ich zum letzten Mal auf der Alm war. Seitdem denke ich jeden Tag daran. Du kannst dir nicht vorstellen, wie sehr ich dieses Leben da oben vermisse." Dann wendet er sich an Franziska: „Hoi, jetzt hab ich du zu ihr gesagt. Aber man kann mit ihr so gut reden. Man kann mit ihr so gut über die Alm reden!"

17. Dezember
Weiler Farst – Reichalm, Umhausen

Heuarbeit im Winter

Eine Woche vor Weihnachten mache ich mich auf den Weg zum Ötztaler Weiler Farst bei Umhausen. Obwohl eigentlich ein kleines Sträßchen hinaufführt, das allerdings nur als Zufahrt für die Anrainer dient, gehe ich zu Fuß. Im Tal hat man mir die Auskunft gegeben, es sei nicht ratsam, das Auto zu benützen, weiter droben sei es sehr eisig und die steile Straße hätte ihre Tücken und kaum Ausweichen zum Umkehren. Also lieber den sicheren Weg wählen und sich auf die eigenen Beine verlassen, wie es sich für einen Almausflug gehört.

Der Weiler Farst ist einer der ältesten Weiler des Ötztales, schon im 13. Jahrhundert wurde hier ein Schwaighof gegründet. Wenn man drunten auf der Bundesstraße die Gemeinde Umhausen passiert, gleitet der Blick unwillkürlich hinauf zum kleinen Gebäudeensemble aus einer Handvoll Häusern und einer Kapelle, das droben am Berg über der sagenumwobenen Engelswand klebt wie ein absturzgefährdetes Vogelnest. Deshalb wird der Weiler auch Adlerhorst des Ötztales genannt. Wie es wohl sein mag, da oben zu wohnen, habe ich mich gefragt. Ganz normal, wenn man daran gewöhnt ist, meint die Familie von Christian Falkner, die schon seit Generationen hier lebt, etliche Stockwerke höher als Umhausen und mit einem sagenhaften Ausblick. Aber der Ausblick allein beschert noch keine Lebensqualität. Vor allem in früheren Zeiten war die Existenz hier oben immer auch ein Kampf ums Überleben und selbst heute, mit den Errungenschaften der modernen Zeit, hält das Leben an diesem Ort für die zwei noch hier verbliebenen Bauersfamilien etliche Strapazen bereit.

An diesem Tag will Christian Falkner die restlichen Heuballen von der Reichalm zu seinem Hof im Weiler Farst transportieren. Warum macht man das nicht im Herbst, wenn die Temperaturen noch nicht so frostig sind? „Ganz einfach, weil im Herbst der Stadel schon bis obenhin voll ist", erklärt er mir, dem Grünhorn aus der Stadt, während er darauf wartet, dass wieder ein Heuballen mit der Materialseilbahn herunterkommt, zur Station auf dem „Sattele", das sich ca. 20 Minuten Fußmarsch oberhalb des Weilers befindet.

Leben mit vielerlei Gefahren

Oben auf der Reichalm sind zwei freiwillige Helfer damit beschäftigt, die Ballen (im Ötztaler Dialekt: Piirlen) fachgerecht auf die Transportvorrichtung der Seilbahn zu montieren. „Es sind Lehrlinge, keine Meister", sagt Christian Falkner lachend, als er den soeben eintreffenden Heuballen begutachtet. Die „Söhle" (Sohle), also die schützende Zellophanschicht bedeckt den Ballen nicht vollständig, sodass an einer Stelle Schnee auf dem Heu klebt und das sollte eigentlich nicht sein. Aber die Helfer auf der Alm hören die Kritik nicht, außerdem sind es ohnedies tüchtige Leute, die zusehen, dass die Arbeit flink vorangeht, denn im Winter sind die Tage kurz.

Die Materialseilbahn vom Sattele auf die Reichalm wurde in den 1950er Jahren gebaut, bis dahin war der Abtransport des Heus ein gefährliches Unterfangen. Bereits im Herbst legte man aus Baumstämmen Spurrinnen an, wenn diese dann mit Schnee bedeckt waren, zog man die Heuballen mit der Hand auf der „Söhle" über die steilen Felsen herunter. Wenn es untertags taute und des Nachts wieder gefror, waren die Transportrinnen oft völlig vereist. Dann kamen nicht nur die Heubündel ins Rutschen, sondern auch die Bauern und ihre Helfer. Zum Glück sei immer alles gut ausgegangen, erzählt die 1926 geborene Altbäuerin, Maria Falkner, die bereits ihre Kindheit auf dem Weiler Farst verbracht hat. Damals gab es noch keine Straße herauf auf den Weiler, die Kinder mussten zu Fuß in die Schule nach Umhausen. Die Wege und Abkürzungen, die sie dabei benützten, waren vor allem im Winter sehr gefährlich. Da ging die Mutter am frühen Morgen, wenn es noch dunkel war, als Begleitung mit. Sie trug eine Laterne und hackte an den steilsten Stellen mit einer Hacke Eis und Schnee auf, damit die Kinder Tritt fassen konnten. Heute werden die Kinder mit dem Auto ins Tal geführt und wieder abgeholt, damit sie sich den langen Schulweg ersparen.

Der Transporter mit den Heuballen, auf Ötztalerisch „Piirlen".

Auch die Tiere müssen hier oben wendig und geländegängig sein. Die Kühe werden über den steilen, steinigen Bergpfad hinauf auf die Alm getrieben, dabei tut Übermut gar nicht gut, sonst geht es an bestimmten Stellen im Sturzflug bergab. Das heißt, sie müssen parieren. Christian Falkner brachte sogar einen Stier dazu, ihm aufs Wort folgen. Auf Befehl blieb er stehen wie ein folgsames Hündchen. Der Stier ahnte wohl, dass es nur zu seinem Besten war.

Größere Verluste müssen trotzdem von Zeit zu Zeit hingenommen werden. Im Sommer vor ein paar Jahren stürzten acht Schafe der Familie ab, weil sie sich auf einem zu kleinen Grasflecken in steilem Gelände zusammendrängten. Kurz nach dem Krieg brannten drei Stadel ab, weil Kinder im Heu heimlich geraucht hatten. Fast die gesamte Heuernte des Sommers war damit vernichtet. Damals wäre man ohne Hilfe von der Gemeinde nicht über den Winter gekommen.

Weitgehend autarkes Leben

Wenn alles gut geht, lebt man im Weiler Farst auch heute noch ziemlich autark. Die zum Weiler gehörige Reichalm gibt genügend Heu, um das Vieh durch den Winter füttern zu können, im Garten wird vielerlei Gemüse gezogen, vor allem Kraut, das in der kalten Jahreszeit wichtige Vitamine liefert. Winters kam früher nahezu täglich ein Teller Sauerkraut als Vorspeise auf den Tisch, es ersetzte den Salat. Auf den zum Teil recht steilen Feldern wurden Weizen, Gerste, Hafer, Roggen und Kartoffeln angebaut. Als Maria Falkner noch die Jungbäuerin auf dem Hof war, baute man sogar Lein, also Flachs an. Der Flachs bzw. „der Haar" war bis ins 19. Jahrhundert die Haupteinnahmequelle der Ötztaler Bauern. Er wurde nach dem Trocknen ins Tal zum Schwinger gebracht, wo die holzigen Bastteile von den Fasern abgestreift wurden. Anschließend wurde der Flachs am Hof gesponnen und verwebt. Die meisten Frauen verstanden sich damals gut aufs Handarbeiten und Resteverwerten. Die schönen Fleckerlteppiche im Bauernhaus hat Maria Falkner alle eigenhändig aus Stoffresten gewebt. Sogar Loden stellte sie früher selber her. Die acht Kinder in einem Geschäft einzukleiden, hätte sich die Familie nicht leisten können.

Maria Falkner hat viele Sommer auf der zum Weiler gehörigen Reichalm verbracht, den Tag über ganz allein, abends kamen dann der Mann oder die Söhne nachsehen, ob alles in Ordnung ist. Sie

Ziel erreicht!
Gut, wenn einer aufpasst,
ob alles funktioniert.

mochte das Leben auf der Alm, aber bei heftigen Gewittern wurde ihr immer angst und bang. „Man kann sich kaum vorstellen, wie heftig das Unwetter da oben oft tobt, überall kommen dann Steine, Geröll und Muren den Berg herunter und wenn noch dazu der Hagel aufs Blechdach prasselt, glaubt man, der Weltuntergang ist nahe und kein Wesen wird das überleben. Aber dann kommt am nächsten Tag wieder die Sonne und das ist, als würde die Welt von Neuem erschaffen."

An diesem kalten Wintertag sehne auch ich mich nach wärmender Sonne und ich stelle mir vor, wie die Reichalm im Sommer aussieht, wenn hier Kühe weiden, Menschen die Heuarbeit verrichten und Tausende Heuhüpfer im kurz geschnittenen Wiesengras schwirren. Noch sind viele Alminger froh um die Ruhepause, aber wenn dann erst wieder der Schnee schmilzt, bricht die Sehnsucht durch wie frisches Grün und wächst und wächst, bis es endlich soweit ist, aufzubrechen. Es dauert noch, aber irgendwann kommt wieder der Sommer und es wird auch ein Almsommer sein.

Informationen

Lage: Die Reichalm liegt auf 1962 m Seehöhe, ungefähr 1 ½ Stunden Gehzeit oberhalb des Weilers Farst (1482 m). Der Forstweg führt nur bis zum Sattele, die Alm muss also zu Fuß erobert werden. Auch den Fußweg vom Tal bis zum Weiler kann man sich nur ersparen, wenn einen jemand von den Anrainern mitnimmt, denn nur sie haben hier Fahrerlaubnis. Ausgangspunkt des Fußmarsches ist also meistens der Parkplatz Mure von Umhausen (1031 m). Von Farst aus nimmt man den bezeichneten Fußsteig zum Farster Kogel (1988 m) und wandert ostwärts hinüber zur Reichalm.

Besonderheiten: Sehr idyllisches, weltabgeschiedenes Almdorf und zugleich der „Oberstock" eines wegen seiner exponierten Lage außergewöhnlichen Weilers.

Verpflegung: Auf der Reichalm bekommen Wanderer eine einfache Jause, wenn jemand von der Bauersfamilie dort ist. Das ist meistens während der Zeit der Heuarbeit und hängt auch von der Witterung ab. Das ganze Jahr über einkehren kann man bei der quirligen Karin Fender in der gemütlichen Jausenstation vom Weiler Farst.

Irgendwann kommt wieder der Sommer
und es wird auch ein Almsommer sein.

Weg zur Reichalm
im Sommer.